U0004220

尼古拉博士的 陰莖保養大全

Wikipene. Manutenzione, prevenzione e cura

男性必看，關於兒童到老年的陰莖照護聖經

尼古拉·蒙戴尼醫生、派特理齊雅·普雷齊奧索 **合著**
（Dr. Nicola Mondaini and Patrizia Prezioso）

朱利亞·萊諾（Giulia Laino）　**繪圖**

戴月芳博士　**翻譯**

獻給病人，他們讓我們知道，
　　傾聽是第一劑藥。

目 錄

序言

最強大的是擁有自己力量的人。

——古羅馬政治家盧修斯・安納烏斯・塞內卡

（Lucius Annaeus Seneca，約西元前 4 年～ 65 年）

我（派特理齊雅・普雷齊奧索，Patrizia Prezioso）是一個女人，在過去幾週的每個星期五，我都會去看泌尿科醫生，至少可以說是一種不尋常的經歷。我走進診所，在一旁坐下來，等待尼古拉・蒙戴尼醫生（Dr. Nicola Mondaini）完成他一天的預約。我通常以修改我的筆記來打發時間；凝視著等候室牆上的海報以尋找靈感；或者慵懶地瀏覽我手機上的訊息。

當我的視線不經意地在房間裡移動時，我發現有人在懷疑地看著我，這可能不是他們第一次看到我，他們可能想問我在這裡做什麼。不過他們通常不會這樣做，也許每十個人中有一個會開口說話。

如果你手上的書是一本社會學論文，我們可以分析為什麼隨著年齡的增長，人類，特別是那些男人，變得更傾向於壓抑自身問題的原因。身為男孩，好奇心和一股無法抗拒的欲望想去理解世界如何運作是他們的特點，也是他們的指南。但是多年來，隨著時間變

得愈來愈少，或者僅僅是因為懶惰，男人不再探索、調查，也不再普遍地表達他們的疑問。

也許坐在我前面的人保持沉默的原因與這一切無關，而是基於尷尬的緣故。這恰好是這本書存在的首要理由。

事實上，這本書的基本目標是將讀者從過度審慎和缺乏與陰莖（penis）有關的資訊中解放出來。人們總是在談論它；男人身體的其他部分沒有得到那麼多的關注 —— 想想藝術、日常對話、語言 —— 在那裡它是一種常見的褻瀆形式 —— 甚至包括在我們電子信箱中出現的垃圾郵件裡。

它，不是軀幹，不是二頭肌，不是臀部，而是陰莖。

它常被談論，它的功績常被頌揚，其關注的程度僅次於一般社會大眾對它的存在、演變和功能的無知。

這種知識的差距激發了我們想撰寫《尼古拉博士的陰莖保養大全：男性必看，關於兒童到老年的陰莖照護聖經》（Wikipene. Manutenzione, prevenzione e cura）的火花。

如果讓我選擇兩個形容詞來描述尼古拉醫生，在熱情、有趣和令人驚訝之間，將會是個艱難的選擇。但事實是，要定義他，你只需要講述他的職業生涯的故事，這也是一個很好的例子，說明生活會把你帶到意想不到的道路上。我們的會面從主要收集大量答案的談話開始，然後變成了有系統地收集資料和臨床經驗，鑑於他是陰莖病變領域的權威專家之一，他當然不缺這些資料。我們還決定為他在二十年的職業生涯中，把治療過的病人故事留出空間，以匿名

的形式發表，用那些已經找到答案的人，以他們沒有經過包裝的故事來安慰那些目前處於黑暗中的病人，是最具科學且更加熟悉的方法了。

科學資訊毫無禁忌地在每一頁提供給讀者：包括了醫生回答病人的問題，給有困擾和需要澄清問題的人提供安慰和支援。這本精采的書既輕鬆又完整，有時候還帶點趣味諷刺性，但絕不庸俗，例子豐富且精采。這是了解陰莖的寶貴用書，提供有關任何疑問的解決方案和撫慰了那些焦慮陰莖尺寸的男人。

我們的共同目標是為每個人，不僅是成年男性，而且——事實上，也許最重要的是——為年輕男性和女性的世界，提供一個健康又正確的保養男性生殖系統、預防潛在病症及其治療疾病的學習工具。理想情況下，我們不僅是對那些直接相關的人交談，也是對母親和祖母、女友與妻子交談，她們在面對擁有陰莖的複雜世界時，時常發現自己無所適從。

我自己的工作重點在複雜組織的溝通策略方面，我最喜歡的部分是研究與我互動的職業現實和它的運作領域。為了提供適當的解決方案，我發現能夠預測人們的問題是非常有用的，這就是我們在編寫這本書時執行的方法。

作為一個通訊專家和一個有強烈傾向於透過進一步調查來滿足我的好奇心的人，我感覺到了一個知識缺口，以及填補這個缺口的誘惑。這本書的出現是為了表達那些經常被忽視的問題，與此同時也是為了給那些想了解自己身體的人，提供一個可靠又簡

單的工具。

為了便於讀者諮詢，我們設計四章專門針對兒童、青少年、成年人、老年人的四個生命期，接著每一章又分為保養、病症和緊急情況三大節。

第一章是陰莖的介紹，從我們的主角解剖圖開始，描述了它的物理結構和功能機制，並牢記它作為泌尿系統的一部分和生殖器官的雙重角色。

然後，在這四大章中，分析了男人在一生中的演變，從兒童到老年人。事實上，隨著時間的推移，人類機體的每一個部分都會發生變化，重要的是了解它是如何變化，以避免成為這一過程的被動受害者。

本書所提供的資訊既詳細又具有科學根據，將有效的溝通、專門的準備工作和豐富的臨床經驗結合起來。

這本書的撰寫主要在消除所有疑慮和尷尬。你可以從頭到尾地閱讀它，以獲得一個初步的總體情況，然後根據情況需要查閱特定的章節。在這個我們以點擊的速度找到一切答案的時代，我們認為恢復使用分析性目錄的良好習慣非常重要。

不過，長話短說，你如何使用它並不重要，重要的是你閱讀它，因為我們確信，這樣做將有助於提升你的日常生活品質。

派特理齊雅・普雷齊奧索（Patrizia Prezioso，作者之一）

陰莖的介紹：
它的結構和運作方式

　　在我的學習過程中，我考慮過專攻各種相當不同的領域：精神病學、骨科、婦科。正是這最後一個領域最終說服了我。我幾乎可以想像自己正在管理產房，與疼痛的新手媽媽和驚慌失措的爸爸在一起。但是，當到了報名參加考試的時候，有些東西讓我退縮了。那是生命中的一個時刻，我感覺到缺乏一個好的理由，一個對「到底為什麼」這個問題的答案。這就像我不再能控制我的生活。

　　一天早上，我不得不處理一些與入院有關的繁文縟節差事，我碰巧走進了卡雷吉醫院（Careggi Hospital，位於義大利佛羅倫斯）的蒙納特花園別墅（Villa Monatessa），那裡是泌尿科病房的所在地。僅僅是花時間檢查睪丸和陰莖，把手指伸進病人的攝護腺（prostate，又稱前列腺）檢查的想法，似乎是一個完全瘋狂的選擇。然而，就在那當下，我對自己的未來有了一個清晰的認識。

　　僅僅幾個星期後，我就選擇了在米開朗基羅·里佐醫生（Dr. Michelangelo Rizzo）主持的泌尿外科學院進行我的專業學習。我一直對生活決定打亂我們計畫的方式感到著迷，現在我突然從只看到陰道變成了想像中的鬆弛和勃起的陰莖森林。

我來自一個醫生家庭，我一直認為我在某種程度上是註定要做這份工作的；我從來不是一個「僅僅因為」而逆流而上的人，就像一個出生在法官家庭的人，出於怨恨，決定搶劫銀行。我的祖父弗爾維奧（Fulvio）是一位深受病人喜愛的家庭醫生，也是我的榜樣。當他在夜間出發到鄉下處理緊急情況時，他會向空中開槍，宣布他的到來。我的父親追隨他的腳步，不過他在通知病人他的存在方面有所創新。他很快地就成了社區的一個模範指標，他讓我知道個人接觸和醫病關係對這個行業是多麼地重要。

　　當我的兩個孩子必須為學校描述他們父親的工作時，我不得不想出最簡單、最有效的方法來澄清「泌尿科醫生」的含義。第一次，我措手不及；第二次，我已經準備好了。我把自己定義為一個「男人的婦科醫生」，這是一個悖論，但是也很容易理解。事實上，大部分（如果不是全部）女人在其一生中都會求助於婦科醫生。但是對男人來說卻不是這樣，他們知道自己已經免除了生育的痛苦，認為定期檢查自己的生殖器官是不必要的。彷彿這樣做的唯一原因是與生育的生物能力有關。

　　相較於婦科（gynecology）的男科實際上應該是男性生殖器病學（andrology），但是醫生不再專門從事這一領域的工作。泌尿科醫生和內分泌科醫生都會關注男性生殖器病學：前者可以直接對病人進行手術，而後者只處理醫療和診斷方面的問題。訴諸手術往往是必要的，這就是為什麼泌尿科醫生的全面視野會變得有用。我的工作包括醫療和手術兩方面的內容。我很喜歡義大利米蘭一個音樂

團體埃利奧和斯托理・泰斯（Elio e le Storie Tese）的名曲裡一句話：「陰莖為我買單。」（Il pene mi dà il pane）儘管我當然不打算把自己比作色情明星約翰・霍姆斯（John Holmes），但這首歌的男主角因其陰莖的尺寸而聞名。

泌尿學（urology）和男性生殖器病學（andrology，又稱男科學）也是我的任務：每年大約有 2 千次檢查，我在這個仍然充滿禁忌和審慎的領域代表了一個資訊來源。十年來，我一直被叫到學校為男孩做檢查，總共有超過 2 萬 5 千次的諮詢。從這一領域的工作中可以看出，每 3 個男孩中就有 1 個患有精神疾病。如果你想一想，這是一個令人吃驚的統計數字。自然，這些也包括許多小問題，這些問題一旦被發現就可以被治療。重要的是要把「治療」看作是「照顧」的一種方式，防止我們的大腦立即奔向藥物或侵入性手術的想法。

在進入正題之前，我們需要了解陰莖是如何形成的，並仔細分析其組成的各個部分。人體解剖學是一個迷人的課題，但是也相當複雜。我仍然記得我研究表格和圖示的那些夜晚，在夏天窗戶大開的情況下傳來了街道上的吵雜聲，我為大學考試複習了數百個骨骼、肌肉、肌腱（tendons）和系統的名稱。即使在所有這些努力之後，並且在這個行業中工作了二十多年，我仍然會查閱解剖學（anatomy）相關書籍來追蹤這個或那個細節。

說實話，我覺得談論陰莖解剖學最困難的時候是我大兒子米歇爾（Michele）五年級的老師瑪格麗特（Margherita）讓我在課堂

上做演講的時候。在不冒著瑣碎化或者想當然的風險情況下簡化一些東西是很難的，但是今天我可以說，這是我有幸參與的最激動人心、最刺激的教學經歷之一。

當我們學會給事物命名準確的名稱時，事物就以一種全新的方式存在於我們身邊，最深刻的知識起源於名字與本質的正確關聯。

陰莖在語言領域擁有名副其實的紀錄。在義大利文及其方言、口語和外來語之間，它和將近 750 個不同的術語相聯繫，其中許多術語極具表現力，當然也是對它恰如其分的解釋。有無數的細微差別，從武器到動物世界，到烹飪工具和情感領域，從普通的豆類到某個未知集會的匿名「成員」，從「那個玩意兒」到「傢伙」。簡單來說，我們有可能在沒有語義共識的情況下開始工作。更重要的是，許多男人奇怪地不願意以任何不涉及開玩笑或戲弄的方式談論他們的陰莖。因此，當我們談論陰莖時，澄清我們的意思是明智的，部分原因是為了從一開始就掌握我們話題的一個關鍵因素。

陰莖是一個相當奇特的東西，確實是男人身體中一個獨特的器官。它被賦予雙重功能：它是泌尿系統的最後一節，也是生殖器官。這種雙重性導致它穿著兩種不同的「衣服」：在靜止時，它保持鬆弛狀態，而在性活動時，它進入勃起狀態，變得堅硬，期待著插入。用這些術語來描述它，它幾乎就像一個思維器官，你可能已經聽說過它的說法。它有一個圓柱形的、複合的和可變的結構。這些形容詞立即讓人想到物質科學的世界，儘管這可能看起來很遙遠，但是

我向你保證它不是。

16 世紀，義大利的幾位解剖學家，包括加布理埃爾・法洛皮奧（Gabriel Falloppio，1523 ～ 1562 年）（譯註：他發現了卵巢和子宮間傳送卵子的管狀物 —— 輸卵管，因此輸卵管以他的姓氏命名為 "Fallopian tube"）和安德烈亞斯・維薩利斯（Andreas Vesalius，1514 ～ 1564 年）（譯註：他編寫的《人體的構造》〔De humani corporis fabrica〕是人體解剖學的權威著作之一。他被認為是近代人體解剖學的創始人），第一次對陰莖進行了解剖和描述。從那時候起，就有了關於其內部和外部的準確描

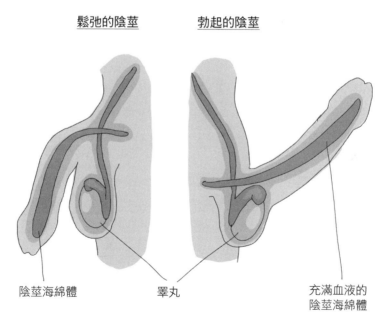

鬆弛的陰莖　　　　　勃起的陰莖

陰莖海綿體　　　　　睪丸　　　　　　　充滿血液的
　　　　　　　　　　　　　　　　　　　陰莖海綿體

圖 n.1 鬆弛和勃起的陰莖

述，我們會在本書中使用這些描述。從解剖學上來說，陰莖分為三個部分：**根部、體部和（龜）頭部**（the root, the shaft [or body] and the glans）。讓我們仔細看看這些部分，以便更深入地了解它們的功能。

為了使我們談論的內容可以看得清楚，參考日常生活中的圖像是很有用的。我對我的學生做了一個練習，我要求他們想像一個身體部位的骨幹在水平和垂直兩個方向上的剖析。我可以告訴你，光是想一想就足以引起一些痛苦的表情了。

橫斷面內有兩個側向的**陰莖海綿體**（corpora cavernosa），中間由海綿體分開。最有效的比較是橡皮艇（rubber raft）的結構，就像你在海灘上使用的那種橡皮艇或充氣船。兩個側面的圓柱體

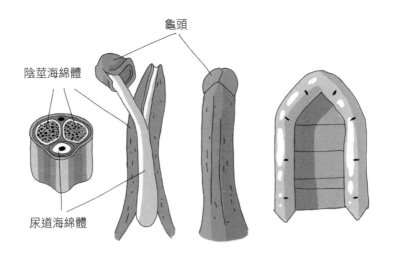

圖 n.2 陰莖的解剖結構：正面剖面與橡皮艇的相似性

（cylinder）是空心體，而橡皮艇底部，即最舒適的區域，是它們之間的**尿道海綿體**（corpus spongiosum）。

　　穿過陰莖海綿體的是一個由微小的空腔（minuscule cavity）和血管（blood vessels）組成的網狀組織，在勃起期間，由於血液開始流動，海綿體變得堅硬。回到與橡皮艇的比較上，陰莖在充血後會變得堅硬並可用於其目的。另一方面，尿道海綿體是由彈性纖維和肌肉組織組成。它位於腹部方向，其中心是尿道（urethra），連接著膀胱（bladder）和外生殖器（external meatus）。人體是由非凡的機制組成的，每一個組織（tissue）、靜脈（vein）、神經（nerve）或黏膜（mucous）都準確地在它需要的地方，而不是其他地方。

　　這個由尿道海綿體和陰莖海綿體組織組成的裝置可以保護尿道，從而顯示出後者的重要性。事實上，正是尿道既能在泌尿系統活動時釋放尿液，又能在生殖器（genitals）中釋放精子（sperm）—— 這就是我們剛才提到的陰莖的雙重功能。和更多的外部海綿體不同，不充血的海綿體即使在勃起時也保持柔軟，使尿道保持一定的流動性，便於精液（semen）或尿液（urine）通過它。

　　陰莖主要由三個海綿體構成，左右兩側各有一個陰莖海綿體，中央偏下有一個尿道海綿體。這三個海綿體被一層薄薄的膜包裹著，即**白膜**（tunica albuginea）（譯註：為雙層組織，內層白膜之纖維走向為環形，外層纖維走向則平行於陰莖主幹），它具有獨特的構成。一系列排列成條狀的膠原纖維（collagen fibers）使其成為一個特別有抵抗力的結構，由血管灌溉，從肌腱（tendons）加固，

並由其他膠原蛋白條與彈性纖維交替覆蓋，類似美式肉餅的保鮮膜（saran wrap）包裝。正是這種複雜的形態，從外面幾乎看不到，這解釋了器官的大小和硬度的變化，最重要的是，它的抵抗力隨著時間的推移而變化，儘管它在生命過程中會受到各種壓力因素。

這樣組成的陰莖透過根部連接到腹部，更確切地說，是連接到恥骨（pubic bone）上。就是這看不見的部分連接到所謂泌尿生殖三角（urogenital triangle）（譯註：是會陰的前半部）的三個不同點上。陰莖的懸韌帶將其固定住，這種結構在勃起時被啟動，從而使陰莖向上傾斜，類似工程學中所說的連接梁（tie-beam）（譯註：用於連接兩個結構件的水平木材或類似物，以防止它們散開，如連接屋頂桁架中兩個主要椽子的腳的梁）。

在器官的另一端是陰莖的頂端部分，稱為**龜頭**（glans），是尿道口「俗稱馬眼（meatus）」所在的地方。在靜止狀態下，龜頭被一條可伸縮的皮膚條覆蓋，即**包皮**（foreskin），透過一條稱為**包皮繫帶**（frenulum）與陰莖連接。

在孩子出生時和出生後的頭幾年裡，包皮保持關閉狀態，以防止龜頭與糞便和細菌接觸。3 歲以後，包皮會自然打開。它可以透過包皮環切手術（circumcision）去除，我們將在下面的章節中詳細討論這個問題。

男性生殖器並不只是由陰莖組成，儘管這無疑是其最「外向」的器官。它還包括其他具有不同程度看得見的部分：**兩個睪丸**（testicles）、**兩個附睪**（epidydimides）、**兩個輸精管**（vasa deferentia）、**兩個精囊**（seminal vesicles）、**攝護腺**（prostate，又稱前列腺）和球狀尿道腺（bulbourethral glands）。

這樣說來，它的結構似乎類似於房子的平面圖，每個空間都執行其功能，但是不斷地與其他空間溝通。事實上，陰莖可能是一個極其熟練的建築師作品，我以維修人員的身分介入，粉刷開裂的牆壁，修復壞掉的鎖，或更換壁紙。因此，就像你對你的家一樣，你應該在熱水器徹底壞掉之前求助於泌尿科醫生，最重要的是，定期檢查你的機械設備。

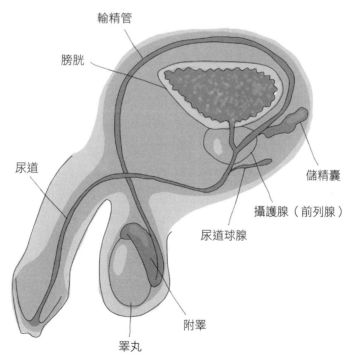

圖 n.3 完整的生殖器

這個機械設備的一部分是**睪丸**（testicles）——也被稱為精巢或迪戴梅斯（didymes）——類似於兩個橄欖，放在**陰囊**內，通常稱為陰囊（scrotum）。成年男性的睪丸長度為 3.5 至 4 公分，寬度為 2.5 公分，平均重量為 0.02 公斤（20 克）。這些是精子和男性荷爾蒙（androgens，又稱為雄激素、雄性激素）的生產設施，控制著第二性徵的發展，例如陰莖和睪丸本身的生長、體毛的出現、攝護腺的增大和聲音的變化。這些荷爾蒙的分泌從青春期開始。

過去有一種習俗，特別是在東方和中國的宮廷以及古羅馬，切除某些年輕男孩的睪丸，以便他們的聲音保持高亢。這些被閹割的男人——宦官（eunuchs）——被委託服務和監督後宮，因為人們普遍認為閹割也會導致不可能性交的情況。事實上，缺乏男性荷爾蒙的分泌和第二性徵的不發育反映在行為和身體的各個方面，但是不反映在性能力上：宦官可以性交，但是很可能他們只是沒有感覺到慾望，也不會因為缺乏精子（spermatozoa）和睪固酮（testosterone）而有生育能力。

兩個睪丸的上方是螺旋形的附睪，它只是一個儲存精子的倉庫。附睪連接著每個睪丸和同側的**輸精管**（vas deferens），這是一條相當長的管道，大約有 30 公分，代表著精子到達尿道從而離開身體的必經之路。但是這一航程需要時間。在流向出口管道之前，精子必須穿過攝護腺（prostate，又稱前列腺）。

攝護腺是位於膀胱下方和直腸前方的一個腺體。從 45 歲開始，我們都應該定期透過直腸指檢（rectal examination，又稱肛門指檢）

來檢查它。不是特別注意這一項檢查是可以理解的，但是它實際上沒有大家所擔心的那樣具有創傷性，而且在早期診斷、反應能力以及最後但並非最不重要的生活品質方面的好處是決定性的 —— 我們將在後面談論這個問題。

在正常情況下，攝護腺類似於一個大約 20 至 25 公克的栗子，4 公分寬，大約一半厚。由於有兩個**精囊**（seminal vesicles），精子在裡面被浸泡在攝護腺液中。

我們可以把精囊比作艱苦的登山後的景象：在這裡，精子得到了營養（攝護腺液就像保護它們不受外界影響的盔甲，含有蛋白質、脂質、荷爾蒙、維生素 C 和大量的酶〔酵素〕，沒有這些，精子就會死亡），在射精的時候，精囊將液體推向通過尿道的出口。事實上，在性高潮時從肉眼處流出的精子，90% 是攝護腺液，只有 10% 是精子。

精子是那些男性生殖細胞，在性交過程中，它們需要有足夠好的狀態，以便在女性生殖器中前進並使卵細胞受精。然而，要做到這一點，至少需要有 1500 萬個精子，只有其中之一能通過終點線。

90% 以上的精子經常出現異常，因此不具備生育能力，但這並不影響我們：即使只有一小部分精子具有正確的形態特徵，也足以使受精發生。為了評估我們的精子，我們可以進行精子圖解（spermiogram），這是射精後進行的一項測試，在顯微鏡的幫助下，我們可以驗證存在於特定數量精液中的精子數量、形狀和活動能力。但要警惕自己動手做的版本，它們往往非常不精確；最好求

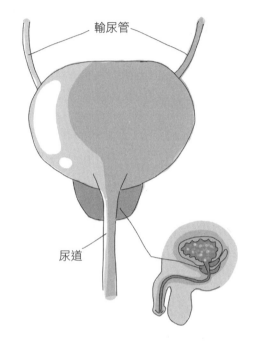

輸尿管

尿道

圖 n.4 攝護腺（前列腺）的位置和形態

助於專業實驗室。

　　精子發生的過程，即精子的產生和成熟，從青春期開始在睪丸的生精小管中發生，並貫穿我們的一生。每個精子細胞包含 23 條染色體（chromosomes），即每個人體細胞中發現的一半遺傳訊息。精母細胞（spermatocytes）必須成熟並經歷各種變化才能成為完整的精子；成熟大約需要 64 天，但是精子是不斷產生的。這種複製（replication）過程是透過有絲分裂（mitosis）（譯註：細胞分裂過程，一個細胞分裂成兩個相同的細胞，兩個都含有與原來細胞相

同數目的染色體）發生的，或者說是原始細胞的分裂，然而這一過程並不改變染色體的數量或存在的遺傳訊息，是一種繁殖金字塔（multiplication pyramid）。成熟的精子使同樣含有 23 條染色體的胚胎（embryo）受精：其結果是一個具有 46 條（譯註：23 對，每一對有 2 條染色體，1 條染色體遺傳自爸爸，1 條染色體遺傳自媽媽）染色體的胚胎。這種結合以及父母各自的貢獻決定了胚胎的性別。

在射精之前，陰莖會產生一種被稱為**預射精**（pre-ejaculate）的液體。它可以潤滑尿道以促進精液的通過。它有受精的能力嗎？答案是否定的，原因很簡單，它不包含精子，只是**攝護腺液**（prostatic liquid）。因此，拋開任何疑慮，我們可以把它稱為天然潤滑劑，促進我們生殖系統的運作。

在這一點上，有些人可能會指出，我還沒有提到這個問題，這是我進入這一行業以來被問到最多的一個問題。再一次戴上建築師的帽子，我經常被問及**陰莖的「標準尺寸」**。

我沒有準確和絕對的答案，因為當我們談論人體時，形容詞「正確的」根本不對應於一個同樣單一的名詞。像所有男人的身體特徵一樣，陰莖因人而異，我們觀察到它們的形狀、顏色和大小有很大的不同。

我對這個問題進行了深入的研究，特別是在我作為佛羅倫斯徵兵中心的醫療官員經歷中。當時——那是 1998 年——科學文獻只提供了一個參考點：1940 年代後期著名的金賽報告（Kinsey

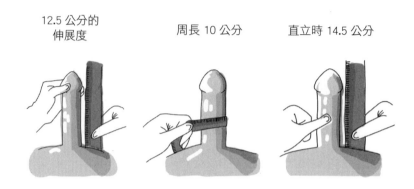

周長 10 公分 直立時 14.5 公分

圖 n.5 按周長和長度劃分的平均陰莖尺寸

Report）（譯註：阿爾弗雷德・金賽出版的《金賽性學報告：男性性行為篇》和《金賽性學報告：女性性行為篇》，還有「金賽量表」而聞名）。阿爾弗雷德・金賽（Alfred Kinsey，1894 ～ 1956 年）是一位美國生物學家和性學家，他採訪了數千名男性和女性，收集他們的性行為資訊。他還對男性的特殊性和解剖學上的差異進行了澈底研究。然而，他的研究受到了限制，因為它是基於要求男性用普通卷尺測量自己的陰莖。這個想法很有趣：這種自己動手的方法可以獲得大量的人口樣本，而且個人可以擺脫不得不求助於醫生的尷尬。但是，參與研究的物件，有時候不自覺地受到社會壓力的驅使，由於害怕被評判，最終將資料向上歪曲，從而助長了定量陽剛的神話，根據這一神話，陰莖愈大愈好。多年來，這些資料是不準確的，對嚴格的醫學研究沒有用處：研究發現男性性器官平均約為

16 公分長，這與現實相差甚遠。

　　陰莖在結構上是相似的，因為它們的種類是無限的。甚至 20 世紀美國黑色幽默文學家庫爾特・馮內古特（Kurt Vonnegut，1922 ～ 2007 年）在他的長篇小說《冠軍早餐》（Breakfast of Champions）（譯註：以科幻作家基爾戈・屈魯特與富商德威恩・胡佛的相遇展開故事）中也談到了人物的陰莖大小，讓我們了解到他們可以有多麼不一樣。他寫道：「世界上最大的人類陰莖有 16.8 英吋長，直徑為 2.4 英吋。藍鯨是一種海洋哺乳動物，它的陰莖長 96 英吋，直徑 14 英吋。」這幾乎是看誰的陰莖最長的比賽中最後一句話了。

　　隨著時間的推移，其他類似與美國性學家金賽的嘗試試圖透過建立在更客觀的基礎上，來規避自我測量的障礙，但是由於可用資料樣本的規模較小，它們最終擱淺了。例如，1996 年發表在著名的《泌尿學期刊》（Journal of Urology）（美國泌尿科的聖經，為美國泌尿科醫學會〔American Urological Association〕官方學術期刊）上的韋塞爾斯研究（Wessels Study），提供了更大的精確性，但是由於其結論是基於僅僅 80 名病人的事實，因此是有侷限性的。

　　鑑於這種知識差距，我有了在佛羅倫斯徵兵中心進行體檢時測量陰莖的想法 —— 這個機會太好了，不能放棄。於是我安排了一個獨特的大型研究樣本：在一個地區為 1 萬 2 千名出生於 1980 年的年輕男子採樣。我決定把重點放在 3 千 3 百個隨機樣本上，並在一整年內進行系統測量。因此，我創建了「**陰莖尺寸諾謨圖**」（Penis

Size Nomogram）（譯註：諾謨圖又稱列線圖，是一種利用圖像來進行非精確計算的工具），這是歐洲 18 至 20 歲年輕男子的陰莖長度參考標準。

結果與金賽報告中的結果大不相同。我以三種不同的方式測量陰莖，試圖提供一個盡可能完整的整體視圖：當陰莖鬆弛時，平均測量 9 公分；當拉伸時（透過拉動龜頭），達到 12.5 公分；當勃起時，大約 14.5 公分。至於周長，指的是在中間點圍繞陰莖的距離，鬆弛時平均為 10 公分。

這個「平均值」是需要記住的。事實上，低於或高於平均水準，既不是優點，也不是缺點，更不是制約一個人選擇伴侶的參考。

我希望有一天，大家不再把陰莖大小作為性滿足的指標，因為這種情況經常發生。

若你在谷歌上搜索「陰莖」一詞，排名前面的結果似乎只對尺寸感興趣，而不是健康、衛生和解剖學。例如「女性喜歡的陰莖尺寸」、「全國男人平均陰莖尺寸」、「陰莖的正確尺寸」、「如何判斷他是否『天賦異稟』」、「如何用草藥增加陰莖尺寸」只是一些建議的搜尋，有一個網站：www.sizesurvey.com 聲稱是有關陰莖數位資料的權威收集者，但是它受到與金賽研究相同的限制；最糟糕的是，其潛在的抽樣調查被塞滿了有關延長陰莖奇怪裝置物的刺激性廣告，浮誇宣揚它們的可靠性。

大部分男人都知道自己的陰莖長度，因為在他們的青春期 —— 這是一個不安全感最強的時期 —— 他們在皮尺的幫助下測量了自

已的陰莖。但是這樣的測量有用嗎？答案鐵定是否定的。正如陰莖大小與腳長、手掌大小、身高、鼻子或身體任何其他部分之間的任何關聯都只是道聽塗說而已。它們是虛假的，請記住這一點。

對尺寸的迷戀根植於時間和歷史，這在全球普遍存在，而且不分國籍。想想藝術史書中陰莖形狀的護身符 —— 甚至有一個學科的分支完全致力於研究 "phallic symbolism"，翻譯為「陰莖的象徵主義」（譯註："phallic" 和 "Phallus" 同義，源自希臘語的語詞，指勃起的陰莖圖騰，也是父權的隱喻和象徵，它的代表物是一條勃起的陰莖），它和生育能力的概念密切相關。但這是你需要小心的地方：生育力的概念必須與伴侶的性滿足、效力或肌肉力量區分開來。

陰莖的大小與一個人的做愛技巧毫無關係。一個對伴侶反應敏感的男人是一個更好的情人，而一個擁有大陰莖的男人一味機械式做愛，彷彿這是一場比賽，看誰能跑得最遠，並非是好事。讓我再多說一句：強大的勃起能力或大尺寸的陰莖與更強的生育能力沒有科學的關聯。

也許古人畫大陰莖只是為了讓他們從遠處看得更清楚……讓我們慶幸他們決定不使用螢光顏料，否則今天的谷歌搜尋結果會把「如何使你的陰莖在黑暗中發光」這一項包括在內。

如果你真的想要一個完整而真實的陰莖平均尺寸全景圖，請去裸體海灘而不是色情網站尋找，色情作品往往嚴重扭曲了現實：色情演員和圍繞他們的世界與性交的內容和有關身體部位的尺寸都相

隔甚遠。

　　缺乏有關陰莖大小的全球資訊助長了目前道聽塗說的刻板印象：據說中國男人的陰莖很小，非洲男人的陰莖超級大。我想現在從我們的分析中可以看出，以偏概全是一種近視和準備不足的症狀。在發展中國家，研究工作仍然落後，但是正在取得進展，也許幾年後我們將對所有民族的陰莖有全面性的了解。

　　最後，有必要強調陰莖是多麼地不可預測。事實是，從靜止狀態下的陰莖大小，你無法推斷出它在勃起時會增長多少。因此，在更衣室裡與隊友競爭時要保持警惕：不要以為你會輕鬆獲勝，結果會讓你大吃一驚。

母親們不必要的焦慮

我經常必須就短小陰莖症（micropenis）（譯註：指異於常人的短小陰莖尺寸，因為男性荷爾蒙分泌太少、胎兒時期母體攝入女性荷爾蒙太多、基因缺陷等原因所導致）的含義向病人進行安撫。由於笑話、侮辱和不公平的評論，這個定義在那些認為自己小於我們剛才討論的陰莖平均尺寸者的腦海中潛移默化。但是有時候不是陰莖的主人關心它的大小，而是他們的母親。

「早安，醫生，這是馬第亞（Mattia），他今年10歲了。我帶他來見您是因為他的哥哥托馬索（Tommaso，15歲）在他這個年齡時有一個很大的陰莖。您能給我一些意見嗎？」

這就是剛才走進我辦公室，那個看起來心情略微沉重的黑髮婦女的問候語。在她身邊，馬第亞正在看我桌子上的照片。對他來說，他母親說的話與他無關，或者至少看起來是這樣的。

「就在那裡，看到了嗎？請仔細看看吧。」在她兒子把褲子拉下來之後，母親繼續說。

在我快速看了一眼之後，她又馬上接了一句。「那麼，一切都還好嗎？」

我仔細地為馬第亞檢查，一切看起來都很正常。當然，他的陰莖不大，但是我避免對母親說這些。他現在似乎對我的檢查感到擔心，在他面前我說的話突然變得很重要。

「是的，夫人，一切正常。現在提供臨床判斷為時尚早，馬第亞還小。兩年後再過來檢查，我就能告訴妳更多。」

「您確定嗎？我不得不說，我有點著急了。」

我當然注意到了，但是最好也不要提及「這是天生的。」

我再次見到馬第亞是在他13歲的的時候。他的母親已經注意到了有一些變化，確定要把她的看法告訴我。「看，請仔細看看，它變大了一點。」

這個男孩的陰莖完全符合標準，它只是需要一些時間來發育。我們已經習慣於看到男孩在聲音和臉部毛髮方面需要不同的時間來發育；沒有理由認為陰莖會有變化。

今天，馬第亞已經18歲了，不再希望他的母親一起參加年度體檢。上次我見到他時，他感謝我讓他的母親在他生命中一個非常微妙的時刻所承受的壓力正常化。

在離開之前，他傾訴了最後一件事。「我的女朋友安布拉（Ambra）告訴我，我的陰莖絕對正常，不太大，也不太小，大小剛好合適。」

說話可以對心理產生很大的影響，無論是孩子還是年輕的成年人。這個安布拉知道她在說什麼。

在男孩子12至15歲之間，除了特殊和非常罕見的情況，對陰莖尺寸的關注完全是不成熟的。另一方面，在16至18歲之間，可以對尺寸進行客觀的評估，並且確定陰莖是在標準尺寸之內，不過還是有可能被視為有「短小陰莖症」的情況。在醫學術語裡，這種

表達方式定義了鬆弛的陰莖長度小於3公分，勃起時小於6公分的情況。我想補充一點，這實際上是一種罕見的情況。此外，這些測量值純粹是指示性的，必須和身高、體重放在一起來看：對於一個身高149公分的男孩和一個身高192公分的年輕人來說，10公分的陰莖不能以同樣的方式進行評估，一切都需要協調。

在詳細講述了我們的主角的形狀和大小之後，讓我們用一些篇幅來介紹陰莖更加獨特和驚人的機制：**勃起**（erection）。

勃起的基礎，建立在海綿體充血，這是一種刺激，其性質完全個性化的：它可以來自視覺、觸覺、聽覺、嗅覺，甚至是一種心理情緒。我們很容易認為它包括對赤裸的身體或經手的觸摸而反應。但是仔細觀察，勃起可以由幾句話、一種特殊的氣味或香味、或最簡短喚起情欲的想法所引發。這些都是主觀的。

現實比它看起來更複雜。在正常情況下，在意識層面感知到的一個或多個刺激啟動了神經系統，而神經系統又將衝動從大腦 —— 或從周邊，就陰莖的感覺接受器（sensory receptors）而言 —— 傳遞到勃起的控制中心，這些控制中心位於背部下半部，在第一和第二腰椎的高度。

衝動被重新處理，以激起神經調節物質（neuromodulators）（譯註：有些內分泌腺本身直接或間接受神經系統的調節，體液調節成

為神經調節的一個環節,是反射傳出道路的延伸)的釋放,使包裹在陰莖體(penis shaft)(譯註:成圓柱型,包含尿道海綿體和陰莖海綿體,以懸韌帶懸於恥骨聯合的前下方,幾乎被皮膚包覆,前端被龜頭包覆)上的平滑肌細胞(smooth muscle cells)放鬆,從而使血液流入陰莖海綿體(corpora cavernosa)。後者的功能就像海綿體,當它們充滿液體時,體積會增大。一旦被觸發,這個過程就會自我維持,血流增加,使陰莖在最興奮的時候出現典型的僵硬,只有當陰莖海綿體的擴張最終壓迫到靜脈(vein),從而阻斷血流時才會停止。尿道海綿體(corpus spongiosum)在勃起時也會擴張 —— 顧名思義,它在吸收液體後也會擴張 —— 不過擴張程度比陰莖海綿體小,這樣就不會阻塞尿道,並且在射精時允許精子通過。尿道海綿體是一種緩衝狀態。

射精(ejaculation)是興奮和性行為或自慰行為(masturbatory act)的最高點,隨後血液量和靜脈壁上的壓力減少,導致陰莖被排空並且恢復到正常大小 —— 至少在下一次之前。在射精後,心率平均達到每分鐘 120 次,陰莖會出現萎縮,並進入所謂的**不反應期**(refractory period):在這個階段,它沒有能力實現新的勃起,如果進一步刺激,會因為受到刺激而感到疼痛,這正是因為它已經達到最大的敏感度。這個時期的持續時間因人而異,並且與年齡有關:一個 20 歲的健康人可以經歷幾分鐘的不反應期,一個老年人則是一整天。對於某些非常罕見的對象,這個時期只持續了幾秒鐘。同樣,這些都是主觀的。

在這個過程中，特別是與性慾有關的一個重要角色是由負責荷爾蒙（hormone，又稱激素）生產的**內分泌系統**（endocrine system）扮演的。荷爾蒙是一種信使，就像希臘神話中的赫爾墨斯（Hermes）（譯註：希臘神話中眾神的使者，司掌商業和體育，也是盜賊和旅客的保護神）一樣：一種化學物質，在身體某個特定部位的腺體中產生，然後透過血液運送到其他地方。**類固醇激素**（steroid hormones）——**雄性激素**（androgens，又稱動情素），其中之一是**睪固酮**（testosterone，睪酮，又稱睪丸素）—— 在睪丸中產生，能調節性慾，除了影響第二性徵外，還積極參與勃起。當勃起的液壓和荷爾蒙機制失靈時 —— 讓我在這裡重複一下，檢查陰莖對避免失靈是多麼關鍵，就像對汽車發動機一樣 —— 我們有**勃起功能障礙**（erectile dysfunction，ED）（譯註：即陽痿，指持續性無法達到或維持一個足夠的陰莖勃起進行滿意的性行為，它可能會導致壓力，影響自信心和關係問題）的情況，但是我們將在接下來的幾頁中討論這個問題。

即使在沒有睪固酮的情況下，或者在睪固酮明顯減少的情況下，仍然會發生勃起，特別是由於視覺刺激。例如，一個從男人過渡到女人的變性人，正在接受減少睪固酮水準的激素治療時，仍然會勃起，性慾依舊是正常的。請記住，睪固酮也是由女性內分泌系統產生的，儘管其數量遠遠低於男性。

睪固酮的分泌是由晝夜節律決定的：它在一天的大清早達到最高點，然後隨著時間的推移下降，這也是導致著名的晨勃（morning erections）（譯註：睡醒時的勃起，朝氣「勃勃」）的可能原因之一。與其他荷爾蒙一樣，它在精子生成（spermatogenesis）中也有作用：由於這個原因，性腺功能低下（hypogonadal）的病人（那些睪固酮水準低和睪丸體積縮小的人）常常有與生育能力（fertility）相關的問題。男性荷爾蒙的分泌會隨著年齡的增長而減少，但這是一個緩慢和漸進的過程，而且從未完全停止，與女性不同的是，男性在這個生命過程的轉變後，還可能有生育能力，沒有所謂的「男性更年期」（andropause）的問題。（譯註：andro 在希臘文中意指〔男性〕，pause 表示〔停止〕，代表男性在某些方面的結束，以及另外一個新生命過程的開始，中老年的男性也許會有性慾減退或是性功能障礙，男性荷爾蒙〔特別是雄性荷爾蒙，androgen〕的量也隨著逐漸降低，生理和心理出現相應的變化，產生了與女性更年期部分類似的不適症狀。）

你無疑的聽說過男性荷爾蒙在健美中的應用。事實上，睪固酮對肌肉品質的發展極為重要，但重要的是要避免使用不當；最重要的是要尋求醫學專家的指導。不規範使用睪固酮最常見的副作用之一是阻礙精子生成，導致不育率高，並且增加某些心血管病變（cardiovascular pathologies）的可能性，例如中風（strokes）。這是一種風險，必須非常謹慎地進行校準。

讓我們透過討論與排尿有關的機制來完成我們的畫面。男人是多麼地幸運，因為陰莖是自我管理的，使我們不必擔心每次都要有意識地進行這些操作。事實上，我們對它的研究愈深入，它就愈複

雜，愈令人震驚。

小便的衝動始於**膀胱**（bladder），它保留了愈來愈多的尿液，同時保持尿道口周圍的肌肉緊閉。當膀胱接近滿負荷時，它透過骨盆（pelvis）的神經向脊髓（spinal cord）發送訊號，產生反應衝動，導致膀胱和稱為**括約肌**（sphincter）的肌肉收縮，並且允許尿液流出。與勃起相比，在這種情況下，我們從很小的時候就對神經刺激有更大的控制力，學會識別它們以解脫尿布（diapers）。

陰莖的泌尿和生殖雙重功能不僅是奇特和古怪，而且是極其重要的，是該器官的動態、折衷性質的特徵。從機械的角度來看，最基本的是括約肌，它的打開或關閉會啟動一個或另一個系統。從臨床上來說，我們必須始終牢記陰莖的二元論（dualism）（譯註：指陰莖的泌尿和生殖雙重功能），特別是在治療或直接涉及它的手術時。

1.

兒童的陰莖

「爸爸，我怎麼洗我的小弟弟呢？
媽媽讓我問你，因為你會照顧每個人的小弟弟。」
「嗯，不完全是每個人的……。」
「那麼，您能幫我忙嗎？」

兒童時期是人類的第一個年齡段，這段時間對成年人來説總是太短，而對那些正在經歷童年的人來説又太長，他們不能做「成年人的事」。在「成長」這個單詞所包含的許多含義中，有一個肯定是學習。兒童不是微型的成年人，而是有自己的身體和智力特點的個體。

在兒童時期所學到的東西改變了我們的生存過程，標誌著我們未來的輪廓。因此，對身體的了解以及與身體的關係是健康和快樂成長的基本要素。

本章的目的是為所有擁有照顧小男孩的快樂和責任的成年人提供幫助和支持，以知情和自覺的方式陪伴他的成長，也為所有只是對這個問題有疑問或希望更完整和連貫地掌握這個問題的人提供協助。

在宣布懷孕後，媽媽、爸爸、祖父母、姑姑和叔叔、二表哥和朋友在等待小寶貝出生時，會問自己許多的問題：孩子會健康嗎？會不會有爸爸的鼻子？媽媽的藍眼睛？或者是否有斯蒂法諾（Stefano）叔叔的壞脾氣？

但從古至今，有一個問題是最至關重要的：是生男孩還是女孩？

我遇到過一些夫婦，他們甚至在受孕前就研究了生男孩或女孩的建議方法，從各種來源收集建議和警告，資料多到你可以寫成一本百科全書，有介紹最適合懷女孩的性愛姿勢，有想生男孩就禁止吃的食物，還有生雙胞胎的基本方法等等，根本無視所有關於遺傳學規律（laws of genetics）的研究。

說到這個話題，我一直記得電視劇《追愛總動員》（How I Met Your Mother，美國一部喜劇，縮寫為 HIMYM）中的一集，馬歇爾（Marshall）和莉莉（Lily）正試圖為他們尚未受孕的孩子決定一個名字，絞盡腦汁考慮生男孩還是生女孩的利弊。與此同時，馬歇爾的父親告訴他，埃理克森（Eriksen）家族之所以全部是男性，是因為他們有古老的維京血統。因此，按照他父親的建議，在與莉莉做愛之前，馬歇爾跑進浴室吃醃鯡魚（pickled herring），並且把他的睪丸浸在冰冷的水中（譯註：與中醫「金冷法」類似）。當他回到床上時，他小心翼翼地將他的妻子指向北方，那是他祖先的家。當莉莉發現這一點時，她透露說她也澈底閱讀了這方面的資料。而當馬歇爾看到床邊的檸檬（他父親聲稱這是「女性的肥料」）

時，他意識到她是想生個女孩。簡單說，他們的計畫會相互抵銷，並且讓機會擁有最終的發言權。

夫妻們想知道一旦家庭變大，他們的生活會是什麼樣子，為了獲得更清晰的視野，撫慰為人父母帶來的擔憂，他們求助於我們最強大的武器之一：想像力。但是，這與缺乏關於新生兒性別的資訊互相衝突，放大的同時也削弱了展望生活採取各種方向的可能性。更重要的是，無論未來的父母是否願意，每個人都會覺得有義務為這個形象的建構作出貢獻。

奶奶會立即仔細檢查媽媽的肚子，並且根據其形狀作出判斷：如果它更像一個足球，那就是懷了男嬰，如果它更像一個晚夏的西瓜那般拉長，那肯定是懷了女嬰。

阿姨會檢查新媽媽的體毛，如果體毛增多，那麼「毫無疑問，懷的是男嬰。」

在沒有特定順序的情況下，會有關於新媽媽的渴望問題，例如：

「你喜歡吃甜的還是鹹的？」

有關媽媽雙腳的溫度──「它們真的很冷，肯定懷的是男嬰！」

還有媽媽的晨吐（morning sickness）……。

這些測量的精確性值得國家管理人口統計的單位作參考。

我都聽說過：從一個曾祖母說服她的孫女把她的結婚戒指綁在繩子上，放在她的肚子上，觀察它的擺動（對於好奇的人來說：如

果它來回擺動，懷的應該是個男嬰，而圓形的軌跡表示是個女嬰）到吃下一瓣大蒜以驗證未來的媽媽是否能夠消化它。有了這樣的策略，反胃嘔吐（nausea）發生的機率增加也就不奇怪了。

這些普遍的觀點有 50% 的時間是正確的。它們沒有科學依據，但是很明顯，如果你從一副牌中隨機挑選一張牌，有時候你會猜對。雖然有些大師甚至會提出一週中最有利於生女嬰的日子，不過我有信心地說，唯一需要知道的祕密是耐心。

在清除了巫毒教（voodoo，又譯伏都教）儀式和向異教諸神獻祭的領域之後，還有查閱了世界各個地區的諺語並且研究了相關的咒語和符咒之後，就到了期待已久的超音波（ultrasound）檢查的時候了。孩子的**表型性別**（phenotypic sex）（譯註：指個體的性別，由其內外生殖器和第二性徵的表現決定），或者說男性有無陰莖和陰囊，女性有無大陰唇（labia majora），從懷孕第 12 週開始就可以合理確定地診斷出來。

直到孕期第 7 週，都沒有可識別的與性別有關的發育差異，儘管實際上有各種診斷技術可以在之前使用。其中有一些更具侵入性，例如第 10 週的**絨毛膜取樣術**（chorionic villus sampling，CVS）（譯註：又稱絨毛膜穿刺採樣檢查，在懷孕 9 至 12 週，經腹部或陰道採取胚胎絨毛膜〔將來要發育成胎盤的地方〕做細胞培養），現在已經過時的**臍帶穿刺術**（cordocentesis）以及**羊膜穿刺術**（amniocentesis）。

另一方面，**非侵入性胎兒染色體檢測**（Non-Invasive Prenatal

Test，NIPT）是一種非侵入性的方法，包括從媽媽身上抽血，透過它可以確定基因型性別（genotypic sex）——由兩條性染色體 X 和 Y 的組合決定（男性為 XY，女性為 XX），並且確定其他重要的染色體異常。除極少數情況外，基因型性別和表型性別是一致的，但是超音波檢查仍然是基本的檢查，是確定孩子性別的關鍵。

在第 12 週，陰莖變得明顯，尺寸為 3 至 4 公釐。在這個階段，很難確定陰莖是否存在形態上的病變，但是專家已經可以分辨出其中的某些病變，例如尿道下裂（hypospadias）（譯註：指先天性尿道的開口不在陰莖的頂端，而是在龜頭中間的任何位置）。

但是，只有產科醫生才能在出生時確定新生兒的性別，並且指出任何明顯的缺陷或生殖器的模糊性。

脂肪沒做什麼，但它掩蓋了一切

在發現了性別，克服了懷孕的苦難，並且確保嬰兒有他的陰莖（weenie）後，似乎一帆風順。但事實並非如此。

當我在去卡坦扎羅（Catanzaro，位於義大利南部）的路上，也就是我在大學教書的地方，我車上的螢幕通知我有一個未知來電。這種情況經常發生，我不得不說，其中只有三分之二是電話推銷員：他們大半是我還不認識的媽媽和爸爸，但是他們擔心到要向我求助。

「您好，醫生，現在是您談話的好時機嗎？我們還沒有見過面，我從朋友那裡得到了您的電話號碼。如果我可以開門見山的話，我的兒子亞歷山德羅（Alessandro）失去了他的陰莖，我需要儘快見您一面向您請教。」

從她的聲音中，我感覺到她正在經歷戲劇性的事件，而且有些事情讓我擔心。寶拉（Paola）表現得與其說是焦慮，不如說是非常具體。事實上，她沒有拐彎抹角地告訴我，她懷疑她的兒子有不明確的生殖器，最重要的是，他的陰莖還沒有正常發育。我堅定地回答說，我一回來就一定會去看他們。

同一週的星期三，在佛羅倫斯，我見到了寶拉和她的丈夫皮耶羅（Pietro），但是他們沒有帶著正在上幼兒園的兒子過來。他們向我介紹了亞歷山德羅的情況，從他們的描述中，我看到了一個

正常的3歲男孩，他和同學們一起玩耍，對父母非常親熱，正在學習交流自己的感受，並且喜歡給他讀晚安故事。我想說的是，這是很正常的情況，這並進一步限制了我對情況的理解。他的陰莖似乎不太可能縮回到幾乎完全消失的地步。

一週後，我見到了亞歷山德羅，我注意到一個被寶拉和皮耶羅省略的細節：亞歷山德羅很肥胖。現在事情開始有意義了。

我沒有提及這一點，而是讓他脫掉衣服，仰面躺下，兩個大人在等待我的裁決。我把我的手掌放在他的陰部（pubic region，恥骨區），然後往下推，下腹部的部分消失了，像變魔術一樣，陰莖出來了。寶拉夫婦望著我，我也望著他們。

他們微笑著互相嘲諷，「這怎麼可能？我們怎麼會沒有意識到呢？它似乎已經消失了。」我不厭其煩地向他們解釋，問題不在於消失的陰莖，而是亞歷山德羅的體重。他們證實，他的飲食非常脫序：餅乾、牛奶、番茄醬通心粉，然後又從頭開始，每餐都是如此。在幼兒園，他拒絕任何種類的蔬菜和水果。事實上，他們也承認沒有遵循非常均衡的飲食，這對他們兒子的健康產生了影響，他的膽固醇（cholesterol）相當高。

亞歷山德羅有所謂的「埋藏式陰莖」（buried penis）（譯註：包埋陰莖，多見於肥胖兒童或肥胖男士。患者陰莖通常是正常大小，只是下腹部／恥骨前的皮下脂肪過厚，過厚的脂肪使附在陰莖上的皮膚脫離它原來的位置，導致陰莖表皮和陰莖主體皮肉分離。陰莖就像是埋藏在脂肪裡面），陰部的多餘脂肪部分或

全部掩蓋了陰莖，在這一點上，我很明確。「這個問題，即使在你看來可能不是這樣，但是比預期的要嚴重：一個超重的孩子將成為一個超重的成年人。即使他的陰莖還在，而且這個問題已經解決了，也沒有時間可以浪費：你們三個人都需要去看營養師（nutritionist）！」

「你的意思是，我們三個人都要去？」皮耶羅驚訝地喊道。

「沒錯，你們三個人，」我重複說一遍，「健康的飲食需要成為你們的生活方式，因為亞歷山德羅有你們作為榜樣。良好的飲食需要成為你們家庭的一部分。」幾個月後，我向他們推薦的營養師卡蒂亞（Katia）告訴我，亞歷山德羅和寶拉正走在正確的道路上，但是皮耶羅在經歷了一個有希望的開始後，已經懶怠了。不過卡蒂亞並沒有放棄。

有時候，解決方案比我們想像的要簡單。

埋藏式陰莖是一個脂肪過多的問題，最終「窒息」了這個器官。患有此病的人通常是肥胖兒童，在西方國家，肥胖兒童現在占總數的30%。因此，第一步要做的是改變孩子的飲食習慣：減少多餘的脂肪會引導陰莖重新出來，並且使孩子免於肥胖及其相關疾病，首先就是糖尿病。正如我們會看到的，糖尿病是導致更嚴重問題的原因，例如勃起功能障礙，（後面我們會討論包皮過長的情況）還有更容易感染生殖器（genitals）和泌尿道（urinary tract）的問題。

在這一節中，我們決定用大量的篇幅介紹保持陰莖健康的良好做法，這就是為什麼你們會發現我經常將心比心，設身處地為醫生、憂慮的父母和知道自己在說什麼的朋友著想。就衛生而言，在出生後的第一年，建議只用嬰兒肥皂清洗陰莖的外部就可以了。與此同時，應該經常更換尿布，以防止濕潤和摩擦引起的刺激和皮膚炎（dermatitis）。

在換尿布時，你可能已經被小男孩的「噴泉」擊中了：這是因為溫度的變化，增加了對尿液的刺激，所以要迅速躲避。在兒童方面，包皮（foreskin）的功能很廣泛，它在這個非常微妙的生長階段可以保護裡面的陰莖。

在早期，應該避免**包皮退縮**（foreskin retraction）的操作，這種操作除了疼痛之外，還可能造成微小的傷口，隨著疤痕的形成，會產生黏著，形成包莖（phimosis）（譯註：指的是包皮前端狹窄或包皮和龜頭相黏，導致包皮無法順利推到陰莖冠狀溝，而露出完整龜頭）；還有包皮過長（Redundant prepuce）（譯註：包皮長到覆蓋整個龜頭的狀況，如果可將包皮向後推至冠狀溝後並進行清潔，便無大礙）。在這個時期，龜頭永遠不會被揭開，這是因為沒有必要。

在陰莖頂端，可能會注意到一種由死細胞和分泌物組成的白色殘留物，稱為**包皮垢**（smegma）（譯註：一種正常的分泌物，主要

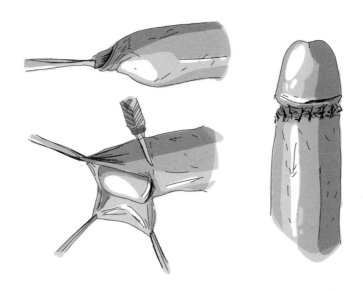

圖 n.6 包皮環切術（Circumcision）的三個階段

出現在陰莖前端和外陰皺褶處，包皮垢的成分有死皮細胞、油脂和其他分泌物。如果沒有清潔好，可能發生病變）。要非常小心和謹慎地清除這種物質，因為它的累積可能成為細菌的肥沃土壤。

陰囊部位也必須得到同樣的照顧和清潔。同樣重要的是要確保每次換尿布時生殖器是乾燥的，以避免刺激性潰瘍（irritating sores）。我們的老祖母用的是雲霧狀的爽身粉（talcum powder，滑石粉），但是今天，只要一張乾淨的紙巾或一些澱粉（starch）就足夠了。

不當衛生可能是**龜頭包皮炎**（balanoposthitis）的原因，這

是一種龜頭和包皮的發炎，葡萄球菌（staphylococci）和鏈球菌（streptococci）在上面增殖，龜頭和包皮會發紅，有時候會出現腫脹。孩子表現為需要經常排尿，排尿時感到疼痛或灼熱。這種情況在確定感染（infections）類型後，可以透過使用抗生素（antibiotic）或抗黴菌乳膏（antimycotic creams）來解決。

最後一項建議是關於在海灘上照顧孩子的生殖器。一個好的習慣是準備好乾燥的換洗泳衣，在孩子下水後用清水沖洗乾淨，並且注意不要讓孩子的陰莖直接接觸到沙子。

當小寶貝 12 個月大，幫他洗澡的時候，你可以開始將包皮向後滑動，動作需輕柔，不必勉強，並且記得將它恢復到原來的位置——這個步驟是防止意外的基本步驟。只有在 3 歲左右，才可以檢查包皮是否開始自然地自行打開。

4、5 歲時，孩子開始自己清洗陰莖。這時候請教他如何做，在清洗生殖器時將包皮向後滑動，每次小便時也要將包皮向後滑動，以防止尿液滴在包皮下淤積，引起發炎（inflammations）或感染。

說到小便（peeing）：當你長到足夠高的時候就會站著小便，這樣做好嗎？答案基本上是肯定的，因為對於男性來說，這是膀胱（bladder）完全排空的唯一途徑。殘留的尿液，隨著時間的推移，可能會導致感染的發生。

這也是一個很好的做法，至少在早期，不只是在需要迫切的時候才上廁所，而是有規律地上廁所，以避免膀胱負擔過重，導致它失去彈性。

我知道有些媽媽會詛咒我堅持從小就站著小便，但她們應該把這看作是一個教兒子掀開和蓋上馬桶蓋的機會，這樣就不需要在成長過程中不厭其煩地重複這個動作了（還有以後……）。另外，大家都知道，我們在年輕時比較容易接受。

割過包皮的陰莖是一個單獨的問題。首先有必要確定我們所說的**包皮環切術**（circumcision）（譯註：也稱割包皮或割禮，是以手術方式切除陰莖部分或是全部的包皮。有時候陰莖腹面靠近尿道口的包皮繫帶也一併切除，稱為「包皮繫帶切除術」）是什麼意思，以及為什麼要實行這種做法。這是一個涉及許多領域的話題，醫學只是其中之一，在我看來，甚至不是最重要的。事實上，對新生兒進行包皮環切術的決定，幾乎總是在醫學意見沒有要求或表達的情況下進行。

割禮（包皮環切術）是一種誕生於古代的做法，基本上是出於衛生方面的原因。實行這種做法的民族生活在沙漠地區，其特點是沙子和風的大量存在。在這種情況下，割禮的目的在保護陰莖免受可能的感染，因為它減少了傳染病菌在包皮和龜頭之間沉積的風險。隨著時間的推移，部分由於生活條件的改善，衛生保健的必要性失去了重要性，而該程序的儀式性意義卻得以保留。

對猶太人來說，割禮發生在出生後的第八天，是一種伴隨著禮儀和祝福的儀式；據說它代表了與上帝立約的一部分，上帝在《創世紀》（Book of Genesis）中告訴亞伯拉罕（Abraham）：「你要把包皮的肉割下來。」

這在穆斯林中也是一種普遍的做法，但是有一個不同的、更隨意的日曆，通常是在出生後立即進行，在任何情況下都是在青春期之前，而對於皈依者來說，則是在其婚禮之前進行。其宗教信仰的基礎是，未受割禮的人被認為不配進入天堂。在某些泛靈論（animist，又稱萬物有靈論）的宗教裡，這種做法也有淨化和通過的含義，這是各種信條的共同點。

　　今天，全球大約有 30% 的男性人口接受了包皮環切術。在美國，這一比例超過了 80%：相當奇特，因為它與宗教原因無關，而是與習俗有關：「如果人們一直這樣做，那麼讓我們繼續這樣做。」一些研究表示，這種做法可以追溯到上個世紀初，當時割禮是一種身分的象徵，是證明家庭有能力讓孩子在醫院出生的一種方式。然而，它的象徵性反而再次超越它的醫療價值。

　　在臨床上，包皮環切術是一種手術干預，目的是在龜頭過長、無法正常滑動時切除覆蓋龜頭的包皮。從外科角度來看，它在治療包皮過長或對比其他病症時是合理的，例如龜頭包皮炎（balanoposthitis）（譯註：龜頭炎是指龜頭產生急性或慢性發炎，病人大多都有包皮過長與包莖的毛病。如果病人同時合併產生龜頭與包皮發炎，則稱為龜頭包皮炎。可由尿道感染或衣服、洗滌用品刺激引起，各種病菌感染也會引起發炎。在包皮過長或包莖的病人中更為常見）。

　　該手術大約持續 30 分鐘，很簡單，但是必須在無菌的醫院環境中進行。它要求對成年人進行局部麻醉，對年輕病人進行全身麻

醉，以防止突然移動的風險。縫線會自行脫落，不留痕跡，大約在一個月內完全癒合。建議在兩、三天內使用凡士林（Vaseline），以防止龜頭或縫線以任何方式黏附在衣服上。

但是我們不應該忽視這樣一個事實，即除了特定的情況，這是一種非必要的手術。特別是近年來，由於這些干預措施的併發症，住院甚至死亡的人數增加，這些干預措施往往是由不合格的人員和在不適當的地點進行的，結果造成出血和感染。這就是為什麼部分由於大量來自穆斯林和猶太國家的移民抵達義大利，全義大利的醫生和牙醫聯合會提出要求，將儀式性割禮納入國家衛生服務機構提供的服務中，在醫生的約束性協議和支付自費費用後進行。這樣也許就可以規範其做法，使其影響得到控制。目前，該專案仍處於試驗階段，只有某些醫院——例如都靈（Turin）的瑪麗亞‧維托利亞醫院（Maria Vittoria Hospital）——開設了一個多學科診所（multidisciplinary clinic），用於儀式性割禮。作為一種選擇，當然也可以求助於付費的私人機構和診所，它們在最大限度的安全條件下進行干預性措施。

沒有一個國際醫學組織支援將割禮作為一種衛生措施或良好的健康做法，但是確實沒有一個組織禁止它。讓我們說，在治療領域之外，它是一種習俗，在正確執行的情況下，有一些適度的好處，很少有缺點。

傳統上認為，包皮環切術（割禮）可以減少陰莖癌（penile cancer）、嬰兒泌尿系統感染以及後來的性傳播疾病的風險。後面

兩個好處可以透過簡單和正確的日常衛生來獲得，但是感染性病，首先是愛滋病毒的風險確實大大降低了。這當然不是說接受過包皮環切術的男性對傳染病有免疫力，可以承受無保護的性交，而是說他被感染的可能性比未接受過包皮環切術的男性低。然而，事實證明，在降低性傳播疾病的風險方面，行為因素的影響遠遠大於切除那一小塊皮膚的影響。過去，世界衛生組織（World Health Organization）曾經發出建議，明確支持這種干預措施，至少對非洲的某些地區是如此。在這種情況下，世衛組織還支援一項引進設備的計畫，使之有可能在 30 幾秒內完成包皮環切術。問題是，即使在西方國家，這種工具的成本也是無法持續的，因此對於新興經濟體的國家來說完全行不通。

關於陰莖癌的問題，只有在那些有很多人仍然受影響的國家才有必要或建議進行包皮環切術，例如在南美洲，它占男性人口中所有腫瘤的 10%。當男性生殖器癌症與一種相當頻繁的感染，即人類乳頭狀瘤病毒（Human Papilloma-virus， HPV）的感染有關時，就會發生這種情況。大約 70% 的 25 歲至 30 歲的年輕男子被認為至少接觸過一次。

因此，衛生不足成為一個真正的誘因。很明顯，在這些條件下，如果病人在嬰兒時期接受了包皮環切術，那麼感染與衛生不足有關病症的可能性就變得極小。

成年人包皮環切術只發生在極端必要的情況下，而且可能比兒童的創傷更大，特別是在心理層面。

病症

從孩子出生後的第一年起，需要注意的陰莖病變是隱睪症（cryptorchidism）、尿道下裂（hypospadia）和陰莖繫帶過短（frenulum breve，又稱包皮繫帶過短）。

隱睪症

隱睪症（cryptorchidism），也被稱為「睪丸未降」（testicular retention），我們指的是一個或二個睪丸沒有下降到陰囊內。在這些情況下，缺失的睪丸在胎兒生命過程中的某個環節被「卡」住了。

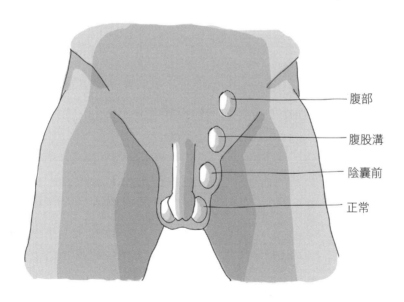

腹部

腹股溝

陰囊前

正常

圖 n.7 睪丸病變：隱睪症的類型

事實上，睪丸是在腹腔內發育的，就像女性的卵巢一樣，在出生時才下降到陰囊內。這並不是完全沒有睪丸，而是一個不完整的「下降」過程。在大約 50% 的病例中，這種情況在出生後的第一年就會自然解決。

重要的是要在臨床環境中並且透過磁振造影檢查儀（Magnetic Resonance Imaging，MRI，又稱「電腦斷層掃描儀」）檢查，確認睪丸是否完全缺失，或者只是在自然位置以外的地方。如果是後一種情況，最好是透過手術將它重新定位在正確的位置，否則可能會對病人的生育能力和腫瘤類型產生嚴重的風險。

荷爾蒙治療是建議的方法。如果在孩子出生後的頭 18 個月內進行治療，可以解決這個問題。如果這還不夠，有必要進行腹腔鏡手術（surgical laparoscopy）（譯註：德國醫師喬治・凱林〔George Kelling〕在 1901 年發明的手術，是由小的切口約 0.5 至 1.5 公分配合攝影機，在腹部或骨盆進行的治療）——技術上稱為**睪丸固定術**（orchidopexy）（譯註：將睪丸降到陰囊中的手術）——這可以避免切口。若由於任何原因不能將睪丸轉移到適當的位置，最好是將其切除，以避免發生腫瘤的風險。

值得知道的是，還有一種經常出現的情況被稱為**伸縮性睪丸**（retractile testicle）（譯註：指小朋友在緊張的狀況下，在陰囊摸不到睪丸，但是在放鬆的情況下，檢查者用一隻手壓住腹股溝，另一隻手可以在陰囊處摸到睪丸），在這種情況下，位於陰囊內的睪丸趨於上移，給人幾乎消失的視覺印象（例如，在低溫時發生）。

在這種情況下，隱睪症與此無關！陰囊的體積在我們的一生中不斷變化，因為陰囊在睪丸熱量調節中起著基本的作用──它的功能就像我們在電視上看到的那種類似於鋁紙的熱毯。事實上，它的任務是根據情況需要增加或減少熱量的散布。所以一定要讓醫生檢查你的生殖器，避免自我診斷⋯⋯讓小男孩亞歷山德羅和他被埋葬的陰莖成為我們的教訓。

相反的情況也有可能，即孩子出生時有兩個以上的睪丸，不過這是一種極其罕見的情況，即**多睪症**（polyorchidism），透過手術切除多餘的睪丸來解決。陰莖也會發生同樣的情況：有可能，我強調是有可能，而不是很可能，出生時有兩個陰莖，在這種情況下，正確的說法是**雙陰莖**（diphallia）。在大部分受這種畸形影響的兒童中，尿液和精液只能從兩個中的一個流出。這是一種極其罕見的情況，根據統計，每 6 百萬名男性中就有一人出現這種情況。手術切除多餘的陰莖是唯一的解決辦法，而且是必要的，特別是考慮到像這種情況對男孩的心理影響，首先是在兒童時期，然後是在青少年時期。

尿道下裂

在關於陰莖解剖的章節中，我們提到了尿道口（urinary meatus），這是存在於陰莖頂端的一個小孔，根據使用的系統，尿液或精液從這裡流出。然而，尿道口並不完全位於龜頭末端，而是向腹部偏移，這被稱為**尿道下裂**（hypospadias）（譯註：指尿道開

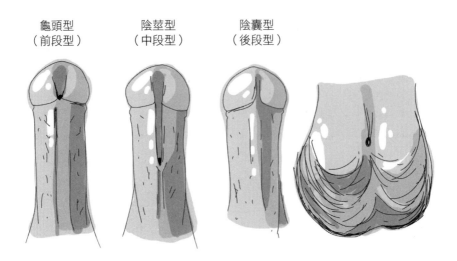

龜頭型　　　陰莖型　　　陰囊型
（前段型）　（中段型）　（後段型）

圖 n.8 尿道下裂的類型

口不在龜頭頂端，而在陰莖中段或以下部位，輕微病例只看到龜頭好像有兩個開口）。這種病症相當罕見；根據我的一項早期研究，現在已經有 20 年的歷史了，它影響了大約 0.3% 的男性人口，儘管這並不意味著它可以被忽視。據泌尿學教科書報告所說，罹患此病最有名的人是法國國王亨利二世（King Henry II，1133 年～ 1189 年），即凱薩琳・德・美第奇（Catherine de' Medici，1519 年～ 1589 年）的丈夫，也是之後三位國王的父親。沒有證據顯示尿道下裂對生育能力有任何影響。

陰莖肉的移位往往與纖維帶（fibrous band）的出現有關，纖維帶導致陰莖彎曲。在某些情況下，再加上包皮的異常分布，上部（背側）的皮膚多於下部（腹側）。

尿道下裂的病例在醫學上被分為一級（最不嚴重）、二級和三級，根據肉眼可見的龜頭頂端距離其理想位置的遠近而定。因此，尿道下裂有極其輕微的形式，其中的缺陷甚至很難被發現，而更嚴重的形式則會造成極大的不適。

例如，如果肉眼不在陰莖頂端，而是在陰莖的一半，那麼孩子就不能站著排尿，而必須坐著排尿；如果肉眼更低，在睪丸的位置，情況就更嚴重了。在這種情況下，當然應該進行更澈底的遺傳分析：有些情況下，孩子看起來是男性，但是有異常的陰莖和沒有睪丸，實際上在遺傳上是女性。當然，這些都是非常罕見的案例，掩蓋了與表型（phenotype）（譯註：指生物個體的外在表現）有關的病症。

尿道下裂的原因往往有遺傳因素，但是也可能是由於環境因素引起的：它可以由父親傳給兒子，或由接觸有毒物質引起。某些藥物——這些藥物包括控制生育的形式，也許是母親在懷孕的頭幾個月服用的——或特定的化學物質，例如殺蟲劑，都是可能的決定因素。手術是解決這個問題的必要手段。

手術最好在 3 歲之前進行，在孩子意識到這種情況之前，沒有心理創傷的風險。相反，如果你逃避處理這種情況，幾年過去了，就可能出現併發症。在臨床上，尿道下裂的病例由具有精確專業性的小兒泌尿科醫生來治療。較簡單的病例需要進行一次相對簡單的手術，但較複雜的病例可能需要進行多次干預，直到達到預期效果。

對我來說，成年人和父母在這些微妙歲月中的關鍵作用，在這

種情況下顯得更加明顯。他們的作用是至關重要的，其中觀察和報告甚至比協助治療更重要。因此，特別是在男孩生命的早期，要注意觀察他的陰莖。

陰莖繫帶過短

另一種先天性的病理現象是**陰莖繫帶過短**（frenulum breve）（譯註：陰莖繫帶又稱包皮繫帶，指陰莖龜頭下方正中部位，把尿道那面和包皮連接起來的一條皺褶組織，屬於包皮的衍生物，作用是當陰莖充血後可固定陰莖和龜頭，陰莖繫帶內有小血管和陰莖背神經組織，對外界刺激感較為敏感，是男性的性敏感區之一）。陰莖前庭是連接龜頭和包皮的一條薄薄的組織帶，它發揮著一種基本的機械功能：保護陰莖的頂端部分。在勃起過程中，包皮沿著陰莖向後滑動，直到陰莖環介入，防止它向後拉得太遠。隨著恢復到靜止狀態，它將包皮推回，並且促進其回到原來的位置，其功能就像橡皮筋。另一方面，在做愛過程中，它產生傳感器（sensor）的作用：它有豐富的神經受體（nerve receptors），既能傳遞愉快的接觸感覺，也能傳遞任何疼痛或不愉快的感覺，例如在暴力處理的情況下。

如果這部分皮膚比必要的短，包皮可能無法完全伸展，而被迫向下折疊。

在這種情況下，有三種選擇。第一種是等待：什麼都不做，希望問題自然解決。等待的風險是繫帶（frenulum）可能遭受撕裂，也許是在做愛時。這是一個相當具有創傷性的解決問題的方法，

圖 n.9 陰莖繫帶過短

因為它引起出血，即使是很小的出血，也可能引起恐慌。解決方式包括透過手術延長它（陰莖繫帶延長手術），或者進行包皮環切術。大部分時候——特別是在還是小孩子的情況下——會選擇後一種方法。

延長繫帶的手術大約持續 10 分鐘，需要用傳統的手術刀切開「線」（繫帶），然後縫上幾針，這些針會自己脫落，或者用電動手術刀，它可以立即燒灼，不需要縫針。平均癒合時間約為 14 天，在此期間，甚至沒有必要用紗布或繃帶保護該區域。每天的藥物治療就足夠了，包括拉回包皮以暴露陰莖，用液體消毒劑或抗生素藥膏對該區域進行消毒。在恢復期間，孩子可能會在夜間醒來，抱怨身體不適。這是很自然的，因為在睡眠中會有自發的、不由自主的

勃起，拉扯到切口部位，因而引起疼痛。

陰莖彎曲

先天性陰莖彎曲（Congenital penile curvature）是一種病理現象，評估其生理和心理意義很重要。這種情況涉及到陰莖體（penis shaft）（譯註：成圓柱型，包含尿道海綿體和陰莖海綿體，以懸韌帶懸於恥骨聯合的前下方，幾乎被皮膚包覆，前端被龜頭包覆），它不是筆直的，而是向上、向下或向一側傾斜的，一般是由於兩個海綿體的不對稱所造成。當然，輕微的彎曲不應視為有問題，而是正常的，因為人體從來並非對稱。但是，當這種彎曲度超過15～20度時，就有必要進行手術。

先天性陰莖彎曲並不罕見——大約1%的男孩有這種情況——並且可以在兒童早期就被診斷出來。困難在於，為了診斷它，陰莖必須是勃起的。這就是為什麼當第一次出現自發的勃起或在孩子洗澡時，第一個注意到它的人通常是父母。因此，把任何無用的謹慎放在一邊，並且需要密切的關注。

這裡唯一的解決辦法是手術。手術可以在孩子出生後的頭幾年進行——甚至在 3 歲之前——但更多時候人們決定等到 16 歲以後，那時陰莖已經幾乎完全形成。然而，很難指出一個單一的、理想的時間段：在每個案例中都必須考慮許多因素，首先，正如我們所說，對孩子的心理影響。

在 3 歲之前進行手術的風險實際上與陰莖發育不全有關，這與

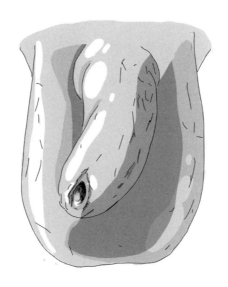

圖 n.10 陰莖彎曲

造成短小的危險有關,而這種短小是很難糾正的。即使先天性彎曲的陰莖 —— 當不與其他病症相關時 —— 實際上是一個比平均水準長的陰莖,因此,可能導致輕微縮短的手術不會在身體方面產生負面影響,重要的是要仔細考慮,不要低估心理上的影響。

此外,陰莖彎曲對生育能力沒有影響。然而,不幸的是,這種情況往往被隱藏起來,直到成年對性生活產生了負面影響。彎曲的陰莖會導致不安全感和脆弱,如果加以掩蓋,就會被放大。

親密關係中的困難和不適,缺乏樂趣,甚至與伴侶的關係緊張,都是和這種情況有關的後果。實際上,問題的解決是簡單而快速的:矯正手術現在一般在門診進行,完全恢復不需要很長時間。

蹼狀陰莖

關於陰莖形狀一個非常罕見的情況是**蹼狀陰莖**（webbed penis），表現為陰囊皮膚的條狀物附著在陰莖體（penis shaft）上。

在這裡，問題的解決也很簡單，因為一個簡單的手術就足以「分離」——然後切除——多餘的陰囊組織。手術時間很短，大約 30 分鐘，但是在恢復期需要小心謹慎。事實上，陰莖必須保持覆蓋，並且在一定時期內每天進行消毒。因此，最好在夏季遠離的時候計畫這種類型的手術，因為與沙子和海水的接觸可能導致併發症。

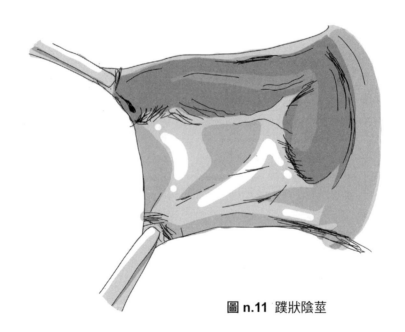

圖 n.11 蹼狀陰莖

包莖

我們已經了解到，即使是對孩子和父母來說最可怕的病症也可以在沒有過多困難的情況下得到解決。**包莖**（phimosis）也是如此，當覆蓋龜頭的包皮不能自然張開時，隨著 3 歲左右放棄尿布，包皮應該自己張開 —— 這就是為什麼我們只能從 3 至 4 歲開始談論包莖。

如果包莖是先天性的 —— 即從出生開始就存在 —— 我建議，一方面，使用有利於包皮正常滑動的藥膏，另一方面，也許在洗澡時，巧妙地拉回包皮，以促進它的開放。練習，也就是說，一種包皮的拉伸，幫助它實現其潛力。

包莖通常可以透過這種方式解決，無需進一步的醫療護理。

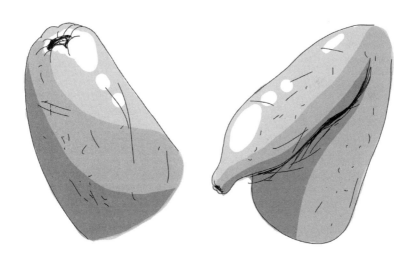

圖 n.12 包莖

但是如果這些人工干預措施還不夠，就必須進行手術。在這種情況下，解決方案是由小兒泌尿科醫生進行包皮環切術，澈底消除收縮。

對於**後天性包莖**（acquired phimosis）（譯註：包莖分三類：先天性、後天性、嵌頓性。後天性包莖是最常見的包莖，有些人平時沒有翻開包皮清潔龜頭的習慣，包皮內長期藏汙納垢，使得包皮反覆或慢性發炎，導致包皮開口結痂、緊縮，變成龜頭無法翻出來的包莖情形），或那些出生時不存在，但是隨著時間推移而出現的病理形式（pathological forms），例如生殖器感染（genital infections）或皮膚炎（dermatitis）的後果，也必須考慮進行手術。這些形式在兒童中相當罕見，但是不能排除它們，必須迅速和正確地加以治療。

精索靜脈曲張

與蹼狀陰莖不同，**精索靜脈曲張**（varicocele，縮寫 VAR）（譯註：精索是男性自腹股溝環到睪丸的索狀結構，精索裡面靜脈異常的扭曲和擴張是男性不孕的原因之一。症狀包括陰囊的大小不對稱，陰囊或睪丸感覺沉重或是疼痛）涉及睪丸，特別是其血管系統。它可以從兒童的最初階段出現，在青春期和成年後變得更加顯著：事實上，它往往沒有症狀，只有透過常規檢查才能識別。

通常只有從 10 歲開始才能做出精確的診斷。當睪丸靜脈異常擴張，導致血液在一個或兩個睪丸附近停滯時，就會發生精索靜脈

曲張。

　　為了理解這種情況的性質，值得記住的是，睪丸是人體外部的附屬物，因為最佳的精子生成 —— 精子生產 —— 通常需要低於人體的溫度。就靜脈而言，當它不能正常運作，阻止血液流暢地循環時，就被定義為靜脈曲張（想想腿部的靜脈曲張，它擴張到肉眼可見的程度）。

　　由於解剖學的原因，95% 的精索靜脈曲張出現在左邊的睪丸上：左邊的精索靜脈以 90 度角到達腎靜脈（renal vein），而右邊的角度更尖，因此更容易到達。所產生的是一種將血液從睪丸（testicles）輸送到身體的功能障礙。睪丸從兩條睪丸動脈接收富氧血液（每側陰囊各一條）。（譯註：同樣，還有兩條睪丸靜脈將缺氧血液輸送回心臟。在陰囊兩側，一個由小靜脈組成的網路（蔓狀靜脈叢）將缺氧血液從睪丸輸送到睪丸主靜脈。精索靜脈曲張是指蔓狀靜脈叢擴大。）

　　精索靜脈曲張指的是睪丸附近的靜脈（vein）發生曲張，血液停滯引發溫度升高，隨著時間的推移會產生慢性危害，甚至導致生育問題。然而，請注意，不孕不育並不是與精索靜脈曲張出現平行的條件：經常有 18 至 20 歲的年輕男子患有精索靜脈曲張，但是也有生育能力的案例。

一個關於溫柔和信任的故事

　　西爾維婭（Silvia）是我的摯友，她的兒子貝爾納多（Bernardo）今年8歲了。12月的一個晚上，當我去她家交換聖誕禮物時，她順便問我是否有時間看一下她的兒子。她告訴我，她認為他的「小雞雞」很難露出來並且持續不露出來，而她的丈夫賈科莫（Giacomo）在嬰兒時接受了包皮環切術，這更加重了她的擔憂。她的婆婆一直不願意透露那個手術的原因，她的丈夫也不記得了。在他的家裡，沒有人提到生殖器；甚至連「雞巴」和「陰部」這樣的口語化用語都是嚴格禁止的。透過在網際網路上的簡短搜尋，西爾維婭認為她的兒子可能患有陰莖繫帶過短（frenulum breve，又稱包皮繫帶過短）。貝爾納多不想聽這些，然而，他拒絕接受檢查。

　　我問貝爾納多是否可以在不接觸任何東西的情況下從遠處看他，至少可以了解一下情況，但是他不聽，躲在沙發後面大叫。賈科莫和西爾維婭向我道歉，而我別無選擇，只能讓他待在那裡：永遠不要強迫孩子接受檢查。我告訴貝爾納多，除非他願意，否則我不會給他做檢查，沉浸在醫生的白色小謊言中。當然，不可能一直等下去，部分原因是如果有真正的問題，快速操作是根本之計。我讓西爾維婭在貝爾納多洗澡的時候拍張照片或做個簡短的錄影。

　　幾天後，我在WhatsApp上收到了她的資訊，從裡面可以看

出，診斷結果並不是陰莖繫帶過短，而是包莖，正如我從他父親的包皮手術故事中懷疑的那樣。

　　一個月後，貝爾納多在醫院裡，緊緊抱著他爺爺給他的毛絨玩具。我們開了個小玩笑，我重複說沒有必要做檢查，但是如果他讓自己睡著了，他醒來時就會有一個全新的「小熊維尼」（譯註：weenie，音譯維尼，也有陰莖、小雞雞的意思，作者採用雙關語）玩具。

　　六個月後在賈科莫和西爾維婭家吃飯時，貝爾納多走過來在我耳邊輕聲說：「謝謝你給我的超級小雞雞。」我甚至比他更高興。

　　這種病理現象相當普遍 —— 平均有 15 ～ 20% 的男孩患有這種病 —— 儘管這種現象的嚴重程度可能有所不同。值得臨床關注的情況是那些被稱為「三級程度」（表示嚴重），或肉眼可見的情況（可以看到類似毛線球的腫脹），透過專業醫生的檢查可以識別，即使透過觸摸也可以發現存在血液鬱積（stagnancy）或逆流（reflux）。在常見的情況下，精索靜脈曲張引起的不適或疼痛在身體勞累後會被放大，例如在運動中。所以要注意警訊：如果在訓練、比賽或游泳比賽後，你的孩子抱怨疼痛，不要忽視它，要去醫院檢查。

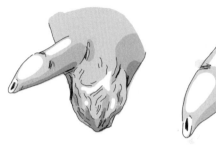

圖 n.13 精索靜脈曲張

對嚴重的精索靜脈曲張病例的治療基本上是透過手術進行的，而且應該在 20 歲之前完成。我不建議再等下去，因為不可能事先確定哪些精索靜脈曲張病例可能導致不育。

在決定如何進行時，還必須牢記有關睪丸的大小。事實上，負責提高溫度的靜脈甚至可以造成睪丸體積的縮小，從而阻止其正常發育。精索靜脈曲張大約影響 15% 的兒童，但是否進行手術的決定取決於疼痛和病理的嚴重程度。只有當精索靜脈曲張被定義為三級程度時，才需要進行手術，其臨床等級從一級（輕微）到三級（嚴重）。

手術本身相當簡單，平均持續 15 至 20 分鐘。它包括在腹股溝處做一個小切口以連接靜脈，從而消除血液逆流情況，這是導致睪丸周圍溫度升高的直接原因。

放射線介入性治療（Radiological interventions）也是一種可能性。透過使用探針和利用循環系統，我們可以到達精索靜脈（spermatic veins），並將硬化劑（sclerotizing substances）注射到曲張的靜脈（譯註：可消除靜脈曲張和蜘蛛狀靜脈曲張）。但是這些都是侵入性手術，需要更多的時間，而且有 8% 的復發率，遠遠高於傳統手術技術的 1%。

一旦進行了比較傳統的手術，病人最好放鬆一週左右的時間，一個月內避免任何體育活動。在此之後，生活可以繼續健康地進行。

現在，非常適合對年輕男子進行普篩（mass screening）的體檢機會已經消失了，每個人都有責任找到其他途徑來監測生殖器官的健康。事實上，風險在於，如果沒有這種獨特的機會來及時診斷和治療一系列單純的男性病症，干預治療可能會來得太晚。

陰囊水腫

陰囊水腫（Hydrocele）（譯註：又稱鞘膜積液或陰囊積液，指睪丸旁邊的包膜囊／鞘膜〔tunica vaginalis〕中積存過多的液體而成）與精索靜脈曲張在其同義詞和受影響的部位方面相似，但是在它所包含的內容方面卻不一樣。它包括陰囊和睪丸之間的液體溢出，因而突然膨脹，有時候甚至呈紫紅色，引起發炎甚至感染。在青少年和成年人中，它會在治療精索靜脈曲張的手術後出現，或者與創傷或其他病症相關。在兒童中，它的發生通常是由於在胎兒發

育過程裡，腹部（abdomen）和陰囊（scrotum）之間的交流通道沒有關閉，這個開口導致了這種液體的聚集。這樣描述它使它看起來非常複雜，有點令人擔心，但是它非常罕見（影響不到 1% 的兒童）。在 18 個月內，它被認為是正常的，在這個時間內，它會自行消失，但是之後就有必要進行干預。腫脹通常在早晨不太明顯，在一天結束時會更明顯。

陰囊水腫（Hydrocele，又稱鞘膜積液或陰囊積液）的另一個

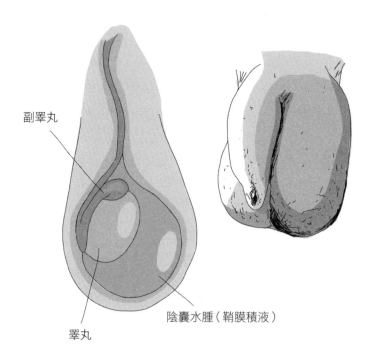

副睪丸

陰囊水腫（鞘膜積液）

睪丸

圖 n.14 陰囊水腫（鞘膜積液）

原因是所謂的**新生兒生殖器危象**（newborn genital crisis）。這個定義主要是由於「危象」（crisis）一詞而引起的過度恐慌，它只是生命最初幾天的典型現象的集合，是由於荷爾蒙數量增加，透過胎盤（placenta）從母親傳給兒子或女兒（事實上它既影響男性也影響女性）。這是一種沒有風險的情況，在幾週內就會自行解決。在此期間，生殖器會出現腫脹，乳房（breasts）也是如此。我們經常看到短暫的水腫，然後消失；孩子需要時間來吸收這種過量的荷爾蒙。

陰囊水腫（Hydrocele）一般使用抗生素（antibiotics）治療，幫助重新吸收液體。如果它持續存在，就有必要進行手術，包括提取睪丸進行清洗，然後將其重新安置在適當的位置。康復時間約為30天。

對於我們所討論的大部分病症，由於面對的是先天性疾病，所以我們沒有特別的預防措施。只有及時的檢查才能進行早期診斷，因為這一點，可以採取一般可控制的非侵入性解決方案。

緊急情況

本節專門討論事故，討論我們無法預測的、不可避免地讓我們措手不及的事故。我們可以有一個完美的陰莖，乾淨而情況良好，但不幸的是，任何事情都可能發生。創傷（Traumas）本身當然是可能的，但是它們沒有我們擔心的那麼頻繁，特別是在年幼的孩子

身上。如果發生意外，最好立即進行冰敷，並且到最近的急診室
（emergency room，ER）證實所受損害的嚴重程度。

然後是所謂的**睪丸扭轉**（testicular torsion）（譯註：又稱扭蛋，
指當懸吊睪丸的精索扭轉的現象。睪丸扭轉會截斷睪丸的血液供
應，症狀具體表現為睪丸會突然發生劇痛，常見發病於 12 至 18 歲
的青少年），這是最常見的急症之一。這是一個時間因素至關重要
的臨床狀況。事實上，它需要在出現後 6 至 12 小時內得到解決，
以避免無法彌補的損傷。

這種情況一般是在夜間發生的。孩子被睪丸的突然劇烈痙攣
驚醒，痙攣可延伸到腹部。疼痛可能是非常強烈，以至於產生噁心
和嘔吐。誘因是精索的扭轉 —— 精索的結構包含了覆蓋睪丸的血
管 —— 隨著它的扭轉，導致睪丸本身缺血（ischemia）（譯註：是
描述組織供血量不足，進而導致缺氧和養分的情形），出現腫脹，
而外部陰囊呈現出藍色。

在這種情況下，最好直接去最近的急診室 —— 可能是有兒科
專業的急診室 —— 可以立即對孩子進行手術。速度很重要，因為
如果在症狀出現後 6 小時內，挽救睪丸的機會在 80 ～ 100% 之間，
12 小時後則幾乎為零。通常情況下，疼痛的停止恰好是預示著睪
丸已經死亡。在這種情況下，切除是絕對必要的。

用手電筒照蛋蛋

陰囊水腫（Hydrocele，又稱鞘膜積液或陰囊積液）的問題出現在診斷過程中，因為要把它和腹股溝疝氣（inguinal hernia）（譯註：一種腹外疝，指人體腹腔內臟器透過腹股溝結構的缺損處向體表突出所形成的疝，俗稱疝氣）區分開來並不容易。事實上，在一天的就診過程中，我曾在多個隱藏著不同病症的病人身上觀察到相同的症狀。

斯特凡諾（Stefano）來診所找我，他今年7歲，幾天來他的睪丸非常腫大。我拿著手電筒，從後面照著它：我注意到在光的通過處有一個透明的東西。然後我把睪丸推向腹股溝，想看看它是消失了還是縮小了，但是什麼也沒有發生。我告訴斯特凡諾的母親，他顯然有陰囊水腫，但是我會要求進行超音波檢查以便確定。如果睪丸縮小了，或者沒有那種透明度，我就會說是腹股溝疝氣，而且這個問題比較簡單。

斯特凡諾對我們的談話和他那豐滿的睪丸不感興趣。他等待著檢查結束，然後要求得到他母親答應給他的足球卡。

就在兩小時前，我給11歲的卡洛（Carlo）做了檢查，他的問題和斯特凡諾一樣，唯一不同的是，他的腫脹已經存在一年了。沒有人注意到，因為卡洛不讓他的父親和母親看他的裸體，表現出一種也許是過度的尷尬。一天晚上，他的母親注意到他的睡衣褲下有

一個異常的腫脹，即使是在暗示他之後，卡洛也不讓她看。所以他們達成了一個妥協：由我幫他做檢查，條件是他母親在整個過程中都要背對著我。手電筒的反應與斯特凡諾的情況不同。

為了區分陰囊水腫和疝氣，甚至在超音波檢查結果出來之前，這個簡單的實驗往往就足夠了。如果光照進來，那就是陰囊水腫，否則就是疝氣。

當一部分腸子「突出」時就會產生腹股溝疝氣，這是一個複雜的動詞，表示它以不正常的方式伸出來，進入腹股溝管（inguinal canal）（譯註：位於腹股溝韌帶內側½的上方由外向內下斜行的肌肉盤膜裂隙，長4至5公分，有精索或子宮圓韌帶通過，有4個壁和內外2個內外口）並且最終到達睪丸上。透過手術可以解決這個問題，把腸子放回原位，然後插入一個小網，以防止這種情況在將來再次發生。

帶來更多併發症的因素在於診斷的困難。事實上，睪丸扭轉會與**睪丸附件旋轉**（rotation of the testicular appendage，又稱莫爾加尼尿道陷窩〔hydatid of Morgagni〕）或**急性附睪炎**（acute epididymitis，常因感染而發生的附睪炎症）互相混淆。一般來說，透過具體的檢查可以打消疑慮，但是如果連睪丸都卜勒超音波（Doppler ultrasound）（譯註：是一種利用都卜勒效應對組織和體

液的運動以及組織和體液與超音波換能器之間的相對速度進行成像的醫學超音波檢查）檢查都無法確定明確的診斷，那麼探查性手術（exploratory surgery）（譯註：為了探查病灶而施行的手術；醫學影像的發展得以較少施行此類手術）就成為必要手段了。

在旋轉的情況下，外科醫生會用一隻手對睪丸進行反扭轉，用三根針將其固定。然後以同樣的方式固定另一個睪丸，因為那些在兩個睪丸中的一個發生扭轉的人一般也會在第二個睪丸中發生扭轉。

如果你在年輕時 ——18 歲以前 —— 接受過這樣的手術，我總是建議你去做生育能力檢查。如果精子圖解（spermiogram）有異常，你愈早採取行動，解決這個問題的機會就愈大。

常見的「拉鍊夾在包皮上」

　　現在是7月的一個下午，離6點還有10分鐘，我即將結束我的工作。幾個月來我一直住在倫敦，在那裡我正在國王學院（King's College）進行最後一年的專業學習。每天6點，我換好衣服，走到3分鐘路程的車站，坐火車到維多利亞站，正好15分鐘後我就回到家。我的室友，一個有印度血統的親切英國人，安排了一頓傳統的印度晚餐，保證一定精采。

　　正當我準備走向更衣室時，我的呼叫器（beeper）響了。我停在我找到的第一個電話前（現在是2000年，手機還沒有那麼普遍），我給急診室打電話。他們要我快點過去，從樓梯間我已經可以聽到一個年幼病人的尖叫聲。

　　他的名字叫彼得（Peter），6歲，他們告訴我，自從他踏進診所，就一直像女妖一樣尖叫著。他穿著一件T恤，從腰部以下完全赤裸，只有一條褲子碎片黏在他的陰莖上。當我走近時，我意識到實際上這只是拉鍊，母親詹妮弗（Jennifer）並沒有試圖強行拉開，而是透過剪掉周圍的牛仔褲，實際上減輕了拉鍊的重量。他們趕到急診室時，拉鍊還連著包皮。他的母親絕望了，解釋說這是她的錯。

　　她抽泣著告訴我：「彼得很慢，即使他要去尿尿，看到我們要出去吃飯，我把他帶到浴室，將他的褲子拉下來，讓他去尿尿，

然後堅定地把拉鍊拉上。」彼得繼續無休止地哭泣。我安撫這位母親，並把注意力放在孩子身上，告訴他我們立即就能解決問題。首先，我在包皮和拉鍊上塗抹了麻醉藥膏：僅僅幾分鐘後，藥膏就生效了，彼得也平靜了下來。相反，我卻相當緊張，但是我腦子裡迴盪著我父親保羅（Paolo）總是告訴我的話：永遠不要讓病人看到你猶豫不決。我要求提供潤滑劑，並且把它幾乎塗滿了所有地方：它愈滑愈好。

只剩下一件事情要做。我小心翼翼而又堅定地拉開拉鍊。彼得的包皮有點出血，但是傷口非常小，會自行癒合。總而言之，沒什麼大不了的。

母親詹妮弗和彼得準備回家了，我跑到車站，期待著我的香料烤雞咖哩（chicken tikka masala，印度料理）。我一進門就聞到一股美味的小香料香味，當我把鑰匙插進鎖孔裡，打開門時，擠在桌子旁的一幫人都朝我轉過身來。從他們愧疚的眼神中，我意識到什麼都沒有了。我解凍了一個冷凍披薩餅，並且解釋了我遲到的原因。幾天後，我得到了一份印度晚餐作為安慰。

這是我第一次面對陰莖被拉鍊夾住的情況，但是肯定不是最後一次。事實上，這是一個常見的事故，特別是發生在兒童身上。重要的是不要驚慌，要冷靜且要立馬行動。拉鍊很狡猾，掙脫它的唯一方法是用力拉動。不過要小心，最好交給專業人士處理。像詹妮佛和彼得一樣，直接去急診室，避免表現得像個傻瓜。

另一種緊急情況是**嵌頓性包莖**（paraphimosis）（譯註：發生在未經包皮環切術的男性，因將包皮翻起露出龜頭後，未將包皮翻回來，過緊的包皮或包皮開口狹小，卡住陰莖冠狀溝，引起循環障礙，導致包皮浮腫，結果龜頭像被掐著脖子般紅、腫、痛，使包皮反而更翻不下來，嚴重時會引起龜頭缺血性壞死）。與包莖不同的是，它發生在包皮沿陰莖向上滑動後，掙扎著要重新定位。因此，可能有部分或全部的包皮滑動，在龜頭處是開放的，而且包皮一旦縮回，就不再能夠回到它的起始位置，從而束縛了龜頭。

重要的是要迅速干預，以手動方式重新定位包皮，甚至在局部麻醉劑的協助下進行。你要避免情況惡化為壞死的風險，這時候包皮擠壓龜頭的底部，阻止血液流向龜頭。只有在極少數情況下才有必要進行手術，包括在包皮上做一個切口，讓皮膚恢復滑動並且覆蓋在龜頭上。之後，建議進行包皮環切術。

最後，我總是提醒家長，在讓孩子入浴以前，一定要檢查水溫。這似乎不費吹灰之力，但是在急診室，由過熱的水引起的生殖器部位的燙傷比你想像的要頻繁。

我們希望安撫成年人的焦慮，為此我們已經涵蓋了所有可能的事件。不過重要的是要記住，這裡描述的有關病症的可能性平均來說是很低的：我希望我的解釋有助於消除你的疑慮並且提供寧靜。

撇開先天性病變不談，兒童時期的問題一般來說並不嚴重。好東西（可以這麼說）在下面的章節中會一一出現。

2.

青少年的陰莖

「你為什麼不關心自己的事？」

就個人而言，青少年是介於兒童和成年人之間的進化階段，這一過渡平均發生在 12、13 歲至 18 歲之間。在這裡，我們決定避免用年齡範圍來描述生命的各個階段，因為從一個階段到另一個階段的轉變是非常主觀的。青少年時期可能從 11 歲開始，也可能從 15 歲開始；重要的是知道如何確定它的開始時間。

因此，這是一個以深刻變化為特徵的生命時期，不僅在身體上，而且在思想上。由於腦下垂體（pituitary gland）活動的增加，陰莖經歷了一個加速生長的階段，然後激起腎上腺（suprarenal glands）、甲狀腺（thyroid）和睪丸的更大活力。在這個過程結束時，我們看到的是一個身體上的成年人。

我這個當父親的，會在這一章開始討論當孩子進入這個微妙的發展階段時，父母的挫折感和擔憂。但是我想把重點放在孩子身上。他們看到自己的身體發生了變化，成為一個具有自身活力的實體，他們必須在幾個月的時間裡，或者最多幾年的時間裡，學會與之競爭。過渡過程自然是一個漫長的經歷，這對每個人來說都是如此：成年人絕不能認為他們可以在一夜之間放棄監督和指導的角色，但是他們必須開始後退。例如，承認他們將不再看到孩子在家裡裸體行走的事實。

保養

　　生命的這一階段致力於發現和實驗。嘿，下面有一個「小弟弟」！它是活生生的，是清醒的。它無緣無故地變硬，正是為了提醒我們，它在那裡，它存在著。

　　在 12 歲至 16 歲之間，陰莖經歷了一個強烈的發展階段，與影響身體其他部位的轉變互相一致。在青春期（puberty）開始時，陰囊和睪丸變大，而在陰莖根部出現第一根陰毛（pubic hair），儘管它仍然很稀疏。後來，陰莖的顏色更加鮮豔，龜頭呈現出典型的形狀，陰囊也進一步增大。生殖器在大小和形狀上都開始與成年人相似。在 18 至 20 歲時獲得的特徵是個人作為一個成熟的成年人將擁有的特徵，從而結束了這股變化的旋風。

　　這個階段的主旨是「和諧」。生物體作為一個整體，以一種相

稱和平衡的方式向其成年形式演變。我很清楚，一開始的「劇變」似乎並不太和諧：一些孩子在短短幾個月內就長高了，在仍然是孩子的臉上開始長出頭髮，或者發現自己的聲音從一天到另一天都不同。不要絕望：就像任何劇變一樣，在劇變以後，一切都會找到它的適當位置。

理想情況下，所有的男孩都會在青春期或開始性活動時進行一次肛門檢查。事實上，家庭醫生不太可能檢查一個十幾歲男孩的生殖器，除非有特殊的疾病或明顯的異常情況；然而，孩子們第一次性經驗的年齡往往是在 15 至 16 歲。

除了醫療方面的問題，專家的檢查也可以促進「尺寸問題」的解決。男孩對這個問題有部分扭曲的看法：如果你問他們陰莖的正常尺寸應該是多少，他們會回答「大約 18 公分」，與此同時根據這個數字調整對自己身體的認知。泌尿科醫生可以在幾秒鐘內讓他們恢復正常。

暗示變態的色情圖片並沒有幫助，實際上是壓力的根源。醫生的話有時候可以安撫難以大聲表達的焦慮：即使在最極端的情況下，色情書刊的性行為不符合規範。

早熟

朱里（Juri）今年7歲了。他是班上最高的孩子之一，體重超標幾公斤，他的臉上和身上甚至還有一點頭髮。他的叔叔阿斯卡尼奧（Ascanio）告訴我這件事，他很擔心，因為從上個假期開始，每當他們和他哥哥的家人聚在一起時，朱里就會和他的兩個兒子阿爾貝托（Alberto，9歲）和安德列亞（Andrea，7歲）發生問題，而他和他們一直相處得很好。

「我的意思是，醫生，他們最後總是打架，他們實際上是互相打來打去。朱里在學校也有問題。我哥哥拿這個開玩笑，他說他小時候也是這樣的。我很擔心，這不僅僅是吵鬧的問題。如果不做點什麼，他有可能成為一個惡霸。」

我當然知道迅速識別霸凌有多重要，尤其是在我兒子米歇爾（Michele）幾年前成為霸凌的受害者以後。他立馬就跟我們談了這個問題，我們也度過了難關，這部分要歸功於在這個問題上準備得非常充分的老師幫助。今天，他已經走出了陰影，對自己有了信心：欺負他不再那麼容易，部分原因是他學了拳擊。

阿斯卡尼奧的故事讓我懷疑還有別的事情發生。我又問了一些關於這個孩子的身體特徵問題，他的身高超過了平均水準，很小的時候就有明顯的體毛。我要求阿斯卡尼奧和他的哥哥談談，進一步調查這件事。

「從你告訴我的點點滴滴來看，這可能是兒童性早熟的情況──在男性中相當罕見，因此很少有人談論──這可能是由下視丘-腦下垂體-性腺系統（hypothalamus-hypophysis-testicles system）（譯註：性腺指卵巢或睪丸）的早熟啟動引起的，但是有時候可能是嚴重的遺傳疾病或癌症的症狀。」

我還告訴他要堅持讓朱里的父親帶他去看內分泌醫生，進行評估。但是他也需要在霸凌問題上退一步，因為這會導致他的「陰莖沉默不語」。如果有問題，有必要迅速處理，不要急於下結論。

內分泌醫生確認了青春期早期的診斷，並且做了一系列的測試，其結果需要經過兩個月的荷爾蒙治療（hormone therapy），朱里又回到了一個正常的7歲「孩子」了，這是對他的叔叔和表兄弟的尊重。

你可能認為診斷早期青春期很簡單，只需要觀察一個6歲女孩的乳房發育或一個7歲男孩的腋毛就可以了。但是實際上它要複雜得多。

當女生在8歲前和男生在9歲前開始青春期時被認為是「兒童性早熟」（precocious）（譯註：醫學上兒童性早熟的定義，男生是已足9歲，女生是已足8歲，如果在這個年齡前有第二性徵發育〔女生看乳房、陰毛，男生看睪丸、陰莖、陰毛〕，只要有任何一個性徵發育都是性早熟）。估計數字各不相同，但是統計數字顯示，大約每5千名兒童中就有一名受影響，主要是女性。

兒童性早熟有兩種類型。最常見的是中樞性性早熟（central

precocious puberty）（譯註：又稱「真性性早熟」，是腦部的青春期開關真正被啟動），即是大腦提前開始青春期的正常過程——啟動各種荷爾蒙的釋放。在大部分的情況下，沒有什麼特別的原因。再來是周邊性性早熟（peripheral precocious puberty）（譯註：又稱「假性性早熟」。原因包含卵巢囊腫、卵巢、睪丸腫瘤、腎上腺增生、罕見的生殖細胞瘤。假性性早熟大多有明確的病灶，須積極的找出原因），這種情況比較少見。它通常是在因為囊腫或腫瘤而導致性荷爾蒙分泌過多時發生的，因此有必要進一步檢查。

診斷青春期早期有不同的途徑。通常從身體檢查開始，以評估身體的變化。對家族史的分析也同樣重要，以了解是否已經有其他病例（事實上我們可以說，朱里的父親，小時候也是「這樣」，患有兒童性早熟，雖然沒有達到他兒子的程度）。

接下來是驗血（blood tests），檢查孩子的荷爾蒙和甲狀腺水準，並且進行X光檢查，通常是手部或手腕，以檢查骨齡：這是一個準確的方法，可以看到生長過程的速度，以及未來可能出現的問題。

大腦的核磁共振掃描（magnetic resonance imaging，MRI）（譯註：又稱「磁振造影」是一種無需借助X光拍取人體內部圖像的方式。MRI使用強磁場成像，即MRI掃描）也可以排除性早熟根源的醫療問題，例如癌症。這只在極端情況下進行，例如6歲以下兒童或有其他症狀的兒童。

也有存在相反的情況——青春期延遲。在這種情況下，我們

發現睪丸在14歲以前沒有發育，常常伴隨著腋毛和陰毛的缺乏。最常見的原因是體質性生長和發育遲緩（constitutional growth delay）（譯註：指在青春期由於發育延遲所導致的暫時性身高矮小，通常發生在頗為健康的青少年身上），或者更罕見的是被稱為性腺功能低下症（Hypogonadism）（譯註：又稱「性腺機能減退」，是指生殖系統的缺陷，導致生殖腺〔卵巢或睪丸〕缺乏功能）的病理狀況，即睪丸不能產生足夠的荷爾蒙。為了進行診斷，需要進行與懷疑性早熟相同的測試。在極少數情況下，會採用睪固酮治療法（testosterone-based hormone therapy），但是在大多數情況下，只是對這種情況進行監測，而沒有任何具體的治療。

現在，爸爸們可能會反對，我們都曾利用過色情產品，甚至在網際網路出現以前（我們都記得集體購買色情雜誌，以及那個不得不問報攤攤販的羞恥感）。而事實上，我並不是說應該禁止，孩子們無論如何都會看的。問題是什麼時候看。它需要在適當的時候發生，當他們能夠批判性地看待他們所看到的東西而不是被壓倒。這種影響是無窮無盡的，涉及到我們最深的情感領域。

正確的資訊傳遞成為克服模擬兩可和潛在的關鍵情況的工具。例如，提出陰莖大小問題的時機往往是錯誤的，這也是它有可能退化的原因。在12歲或13歲的時候，很難提供準確的數字：事實上，

只有「和諧」這個指標可以提供一個指示。身高和體格，正如我們所說的，有其重要性。我們應該至少等到 16 至 18 歲 —— 發展階段的結束 —— 再做精確的評估。

這種對歸因於自己身體的假定缺陷的長期和無謂的關注被稱為**畸形恐懼症**（dysmorphophobia）（譯註：又稱「身體臆形症」，為心理疾病，在 12 至 14 歲出現輕微症狀，在 16 至 18 歲明顯發作。病人會專注在自身某處外觀上的感知缺陷，會有強烈的「我很醜」的想法），這個單詞如果更容易書寫和表達的話，肯定會與「復原力」（resilience）（譯註：指心理的彈性）一詞的流行相匹配，因為它完美地代表了青少年中普遍存在的感覺。隨著我關於陰莖大小研究的發表，我的生活發生了變化。多年來，我被邀請參加世界各地的會議，我的診所被成千上萬的孩子蜂擁而至，他們希望有一個更長的陰莖。然而，他們的陰莖實際上幾乎總是處於正常狀態。在 70% 的情況下，來找我的人終於找到了心靈的平靜。

對自己的身體有扭曲看法的人 —— 畸形恐懼症病人 —— 有常年不滿意的嚴重風險。在這些情況下，我的建議是進行性心理方面的諮詢，而不是採用外科手術的方法。至少在醫學上，尺寸是完全次要的。

繼續討論外部世界的期望和我們身體的具體性質之間的差異，我們現在要看一下**性別認同障礙症**（gender dysphoria）（譯註：又稱「性別不安症」，指對自己出生時的生理性別有認同困擾）。

我們決定使這一節不那麼俏皮，因為為了把它的複雜性表現出

來，有必要使用一個精確的詞彙，與人類心靈的微妙感受和感覺相呼應。如果說陰莖是一個由多種不同的平衡體組成的器官，那麼我們必須永遠記住，它只是這個複雜的個人拼圖中的一塊。

對性行為、生物性別（biological sex）和性別之間關係的許多研究和調查創造了一個多變和複雜的理論與臨床情況，以及一個術語，其定義仍然是一個辯論和解釋的領域。為了接近性別認同障礙症，或者與出生時分配的性別有關的臨床痛苦和不充分的感覺，重要的是要進行某些語言上的區分。

性別根據出生時就存在的性特徵（sexual characteristics）來確定個人是「男性」還是「女性」。這些特徵被分為**初級**（primary，染色體、生殖器的形態、性腺和荷爾蒙圖片）或**次級**（secondary，毛髮分和密度、乳房發育、肌肉發育的特點）。因此，性是許多相互作用的結果，最終調節身體和大腦的生理結構。

另一方面，**性別的概念**（concept of gender）是在純粹的生物領域以外，指的是具有文化、社會和心理特徵的因素和影響。不同的文化可以有不同的男性或女性的參數；相對於這些參數，性別認同只是一個識別自己或不識別自己的問題，是你如何看待自己。

特別是近年來，傳統的男性和女性之間的性別二元論（binarism）（譯註：生理性別〔sex〕和社會性別〔gender〕劃分為只有男性和女性的兩種二元性別，兩性是相反且有區別的）經常受到爭議，這顯示我們的社會正慢慢地開始向前發展。許多人只是部分地或暫時地認同男人和女人的二分法，而那些表現或認同自己

的性別不符合其生理性別的人，一般被稱為**變性人**（transgender）。在這一領域，義大利語言有其侷限性：反而英語和日耳曼語言中，在這一領域的文化上領先於我們，缺乏對典型性別的認同對應於使用代名詞「他們」，作為「她」和「他」的替代。因此，國際術語更合適，因為它已經放棄了許多為個人身分創造了過度束縛的定型觀念。

變性人的**性和情感**取向與他們是否認定自己是兩種性別之一無關：對同性（homosexuality）、異性（heterosexuality）或兩種性別（bisexuality）的性和情感吸引事實上與感覺自己是男性或女性無關。對自己身體的疏遠感通常反映在行為和態度上，並且根據年齡和生理性別以不同方式表現出來。

在童年時期，孩子們可以透過或多或少的明確方式來表達對自己性別的不適和不快，有強烈的情感投入和對屬於異性的渴望。不過這並不意味著玩芭比娃娃的男孩或玩汽車的女孩會自動患上性別認同障礙症。

在青春期，屬於異性的欲望強度會變得更加強烈，干擾了個人的個別活動和社會關係。如果這是在孤獨中體驗到的，或者更糟糕的是，在外部因素造成的壓抑氣氛中體驗到的，就會導致憂鬱和自我封閉。

青春期是對實現個人身分至關重要的時期。隨著成長、意識和感知我們的社會和文化環境的能力增強，疑慮、不確定性和焦慮也隨之增加。但是絕對不能導致對外界的封閉。與性別認同障礙相

關的最大風險之一是由這種痛苦所帶來的逐漸的社會孤立。這種孤立可能是由同儕對某些「怪異」行為的蔑視所引起的，並且導致危險的自尊心降低。重要的是要找到一個可以自由交談的人，一個朋友，或者更常見的是一個協助理解大局的外部專業人物。為此，學校也有免費的諮詢服務，當然應該考慮到這一點。

理解和接受自己形象的過程也被定義為「身體心智化」（body mentalization）（譯註：心智化涉及到解釋／理解行為〔自己的和他人的〕的能力，即從潛在的意圖和心理狀態，例如思想、情感、願望和意圖的角度來看，是有心理動機的），它代表了使我們的外表和自己的內在價值相一致的能力。

性別認同障礙症（gender dysphoria）表現為渴望擺脫我們的主要或次要的性特徵，被當作異性或不屬於任何性別的成員，獲得更多的性別認同（fluid identity）。在義大利，**國家性別認同觀察站**（National Observatory of Gender Identity，ONIG）是為所有認為或確定他們不認同自己生理性別者的參考點，提供資訊和定位，並且給予專門的援助。

然而，從醫學角度來說，開始一條涉及多個專家的道路是必不可少的，其首要目的是了解我們是在看一個過渡性的還是一個確定的選擇。顯然，時機的選擇有其重要性，因為等待和推遲可能會給那些希望進行這種過渡的人帶來負面的心理和身體後果。

回顧我自己的臨床經驗，我想說，二十年前主要是男性決定走這條路。首先，他們經歷了一個中間階段，以某種方式偽裝自己，

然後在成年後，大約在 35 歲、40 歲、甚至 50 歲時決定進行變性。然而，如今，有一些伴隨和荷爾蒙治療法（hormone therapies）的過程，使男孩和女孩 —— 當他們仍處於發育階段時 —— 更容易改變他們的第二性徵。憑藉我們更先進的手術能力，我們可以取得極其令人滿意的結果，真正改善人們的生活。

　　現在我們來看看改變性別的外科手術。事情的真相是，義大利法律（譯註：臺灣方面請參閱相關法規）不允許未成年人這樣做，所以在關於成年人的章節中討論這個話題會更正確。但是我們想在這裡先介紹一下，讓正在經歷這種困難情況的青少年看到一個潛在的出路，並且熟悉這種可能性。

　　實現這一目標的道路非常漫長，需要採取某些強制性的步驟：首先是心理支持，然後在內分泌專家的陪同下進行荷爾蒙治療，最後是與律師一起進行法律程序，在行政層面上實現性別的明確改變。手術只是最後的部分，甚至不是強制性的。

　　當你決定走這條路時，你面臨的困難之一是轉換性別（transition）的費用。我想強調的是，自 2020 年 10 月 1 日起，荷爾蒙治療的費用由國家衛生服務機構承擔（譯註：指義大利），即使你決定在未來進行手術，也有可能將自己列入公立醫院的等候名單。成本不需要成為恐懼的原因。

　　具體來說，**男跨女**（Male-to-Female transition，MtF）的手術包括兩個階段。第一階段，「破壞性」階段，消除陰莖 —— 留下一小部分，以後用來做成成陰蒂，從而保留敏感性和神經刺激 ——

並且切除睪丸。第二，「重建」階段，用陰囊的皮膚創建陰道。

　　手術後，病人必須使用陰道擴張器（dilators）幾個月，這麼一來有助於創造一個接近自然的陰道空間，因為隨著時間的推移，這個通道往往會癒合和關閉。對那些接受過這種手術的人說，他們能夠體驗到滿意的性生活，儘管這裡我們進入了一個相當難以分析或評論的領域。

　　在**女跨男**（Female-to-Male transition，FtM）的手術中，要實現的最終結果更加複雜，因為陰莖為了實現勃起，利用了一個必須建立的液壓機制（hydraulic mechanism）—— 而且任何建築商都會告訴你，破壞總是比創造更容易，但是嚴格意義上的手術方面則比較簡單。這個過程需要製作皮條和建造一個套筒 —— 它在外觀上比結構上更像陰莖 —— 然而，它缺乏功能，因為它不能射精。然後插入一個人工陰莖（penile prosthesis），以實現性行為，並重新創建閥門（valves）和連接梁（tie-beams）的系統。

　　快感（pleasure certainly）的發現當然不會發生在青春期 ——作為兒童，我們幾乎是隨意地、本能地探索我們的生殖器 ——但是在青春期，它以一種重要的方式占據了地位。自慰／手淫（masturbation）在其中扮演了重要的角色。由於荷爾蒙導致的性愛衝動，事實上，男孩和女孩都會自然地進行練習。尋找快樂是男人和女人的基本權利。

　　我讀過關於這個問題的最有趣的書之一是菲利普・米爾頓・羅斯（Philip Milton Roth，1933 ～ 2018 年）的《波特諾伊的怨訴》

（Portnoy's Complaint）。亞歷克斯・波特諾伊（Alex Portnoy）在治療師沙發上的長篇獨白使他對自慰的癡迷得到了曝光的機會，作者用了一整章的篇幅來論述這個問題。事實上，「打手槍（Whacking Off）」是這樣開始的：

> 然後是青春期——我一半的清醒時間都被鎖在浴室門後，把我的「東西」射進馬桶裡，或射入洗衣籃裡的髒衣服裡，或射在醫藥箱的鏡子上，我站在我掉落在地上的抽屜裡，這樣我就能看到它出來的樣子。……在一個滿是亂七八糟的手帕、皺巴巴的面紙和污漬睡衣的世界裡，我移動著我生硬又腫脹的陰莖，在我瘋狂地放下我的「東西」時，都在擔心我的可惡行為會被人發現。然而，一旦我的陰莖開始爬上我的腹部，我就完全無法將我的「爪子」從它身上移開。上課的時候，我會舉手請假，衝進走廊上的廁所裡，用十到十五下野蠻的動作，站在小便池裡打發時間。週六下午看電影時，我會離開我的朋友，走去糖果機——結果在一個遙遠的陽臺座位上，把我的「種子」噴到「Mounds黑巧克力和椰子糖果」（Mounds bar）的空包裝紙上。

彈豆子、打肉、打手槍、打飛機、打掉一個、玩接龍、擦亮珍珠、打猴子的屁股。哪一個是指男性自慰呢？

最精確的定義當然是談到自體性慾行為（autoeroticism，自慰）的定義，這個術語的冷酷性甚至能使最熱血的精神得到平靜。為了強調其最粗暴（而且略顯殘忍）的一面，英國人使用「掐死小雞」（choke the chicken）這一詞，而德國人則選擇更務實的「五對一」（Fünf gegen einen）。我不認為這樣一本書能揭示出任何你不知道的東西，但是看到現在我們是處在朋友之間的關係，我們不妨面對這個話題。

1994 年，比爾·柯林頓（Bill Clinton）總統的外科主任、兒科醫生喬斯林·埃爾德（Jocelyn Elders）在公開宣稱自慰應該在公立學校中傳授後的幾個小時內就被迫辭職了。即使在今天，這樣的聲明也會引起最好的笑聲，與最壞的厭惡情況。

正如作家菲利普·米爾頓·羅斯所敘述的，自慰常常與內疚和害怕被發現聯繫在一起。畢竟，自慰／手淫（masturbation）一詞來自拉丁文 manus ／手，和 stuprare ／汙染，似乎暗示了一些骯髒的東西，儘管它並不總是這樣。在埃及文明中，它指的是生命的起源，或者說是阿圖姆（Artum）神，他透過在地球上傳播他的種子給了第一批生物的生命。

那麼，嫁接到這種活動上的是一系列無窮無盡的文化和宗教條件，通常是貶義的。這些爭論一般來自於現在幾乎已經是過去式的概念，即性行為只為生育服務，因此自慰（不會導致懷孕）是一種不純潔的行為。幾個世紀以前，人們認為男人的精子數量是有限的，因此浪費精子是一種真正的罪惡，這個知識自然是錯誤的。

即使是關於失明的謠言，幸運的是，也已經恢復到只是謠言。它之所以如此普遍，一定與 18 世紀的瑞士醫生撒母耳・帝索（Samuel Tissot）有關，他認為在射精時，鋅這種保護眼睛不受光線影響的元素會從人體內排出，從而危及我們的視力。只有在 20 世紀初，隨著現代性學的誕生，並且由於阿爾弗雷德・金賽（Alfred Kinsey）的工作 —— 關於他的故事甚至被拍成了電影，以他的姓氏為標題 —— 我們才回到了一個更加平衡和積極的視野。

這種做法的潛在好處之一是，透過自慰，我們能夠在沒有另一個人的不恰當參與下探索我們的性生活，獨立地發現我們喜歡什麼，不喜歡什麼。因此，我們可以為與未來伴侶的對話做好準備。對於科學來說，這是一個完全自然的行為，實際上它保護了泌尿生殖系統（urogenital system）—— 特別是攝護腺（prostate，又稱前列腺）—— 並且加強了免疫系統和個人的情感與心理健康。還必須指出的是，對於青少年來說，自慰是一種比不安全的性交更安全的性行為，因為不安全的性交會帶來性傳播疾病、意外懷孕和情感影響。此外，自慰還能產生自尊心和一時的解脫感與放鬆感 —— 而且你可能不需要醫生就能明白這點。

當然，它不應該成為一種癡迷或避免與他人發生關係的手段，就像波特諾伊（Portnoy）的情況一樣：這將是一種不適情況的警告訊號，應該在專家的幫助下面對。恕我一再失禮的提醒，我總是建議公開地談論它，而不是讓它成為一個問題。

在青春期，即使沒有特別的刺激，陰莖也會變硬。我指的是**夜**

間勃起（nocturnal erections），我們在醒來時注意到：它們發生在睡眠的快速動眼期（rapid eye movement，REM）（譯註：正常睡眠週期由非快速動眼期第一期循序進入第二期和第三期，睡眠由淺度睡眠進入到深度睡眠，再從深度睡眠回到淺度睡眠，之後進入快速動眼期，如此周而復始，約 90 至 120 分鐘循環一次）階段 —— 我們做夢的階段。它們是完全自然的，甚至可以持續幾分鐘，而且一般不會被注意到。它們的任務是保持陰莖的功能狀態，其組織活躍而有彈性，並且經常伴隨著**排放物**（emissions），或精子的釋放 —— 這就是為什麼你醒來時可能會有濕內褲。沒有什麼不正常的 —— 這是身體在告訴你，一切都很正常。

醫學上通常透過陰莖膨脹硬度儀（Rigiscan）來監測這些夜間、快速眼動期的勃起，這種設備使用放置在陰莖周圍的兩個環形傳感器，使其有可能記錄睡眠期間陰莖直徑的變化。

在成年後，這種監測有助於了解抱怨勃起功能障礙（erectile dysfunction，又稱陽痿）的病人是否有器質性或有精神性的問題。如果是前者，他在晚上也不會勃起。反之亦然，如果問題的性質是精神上的，由於心理控制因素（例如表現焦慮），他在清醒時不會有勃起，但是在晚上會。

經常有人問我，對青少年來說，談論**表現焦慮**（performance anxiety）（譯註：過度的焦慮會影響表現。焦慮是對即將發生事件的一種保護性情緒，正常時，一定程度的焦慮會讓人們提早準備；但是焦慮幅度如果太強，強到沒有辦法控制，就變成是較不健康的

情緒）是否現實。答案是肯定的。我們都記得我們的第一次做愛，我們的心跳加速，以及不能勝任的感覺。然而，為了準確起見，我們需要更深入地挖掘，再次區分勃起功能障礙和通常所說的表現焦慮。

與我們所認為的不同，勃起功能障礙不是一種疾病，而是各種病症的症狀。另外很大程度上取決於它出現的頻率。如果我們每週咳嗽幾次，我們當然不會去看醫生。同樣地，如果問題偶爾出現，應該以微笑對待，別無他法。但是如果它持續出現，最好做一些檢查。與勃起有關的問題，實際上是糖尿病（diabetes）的跡象。

根據我的經驗，勃起功能障礙是青春期的一種罕見病症。在100個抱怨勃起功能障礙的 16 至 18 歲的男孩中，有 99 人是由於表現焦慮而導致勃起功能障礙。在這些案例中，問題與其說是勃起，不如說是維持勃起，這立即有助於澄清情況。

事實上，陰莖的功能就像一個液壓系統，勃起的發生得益於一個被動的機制。與肢體不同，肢體的運動是由有意識的努力指揮 —— 因此，例如，如果我想舉杯，我必須發出命令，相當於行使由腎上腺素（adrenaline）釋放調節的力量 —— 陰莖的功能則相反。為了上升，它必須放鬆，不需要用任何主動的衝動來干預。很自然地，如果頭腦中開始懷疑「我是否能勝任工作？我的表現會好嗎？這是我的第一次，我很害怕，我能應付嗎？」身體會誘發腎上腺素的充電，阻擋陰莖，使其無法進行運作。收縮是勃起的敵人，與肌肉的情況不同。

當我 22 歲的時候，在與一個親密的女性朋友長期交往無果的情況下，一天晚上 —— 當我已經失去所有希望的時候 —— 她終於看著我的眼睛說：「為什麼我們兩個人沒有進一步發展？」

我立即被表現焦慮所籠罩。五年來我一直覺得自己已經準備好了，這是我所想的一切，而現在時間到了，我卻無法完成任務。我悻悻而歸，但是最有趣的是，幾年後，在晚餐時，她承認她對此感到很難受，覺得自己有責任。

我們經歷了一些典型的青春期的事情。一個男孩在他的表現中持有焦慮，並且將其轉化為難以殺死的怪物。另一方面，女孩將這種經歷解釋為拒絕，並且陷入危機，感到絕望。從這個小小的誤解中產生了一個巨大的戲劇。

這裡我們進入了派特理齊雅的領域：溝通。就像我們談論這個問題會更健康一樣，每個人都是如此，不分年齡和人生階段。這意味著，如果表現焦慮經常發生並且成為不可逾越的障礙，最好是尋求心理援助。如今，從治療的角度來看，甚至有一些藥物可以提供很大的幫助。但是，盲目地吃藥來克服一個單一的、侷限性的問題可能是致命的。由於表現焦慮很容易形成依賴，甚至是心理上的依賴。

矛盾的是，對於一個專家來說，管理一個由重大病症引起的器質性勃起問題的男人，比管理一個經歷同樣情況但是情緒狀態更差的青少年要容易。在我看來，這個問題可以透過大量的常識，加上理性、關注和平靜來解決。

我也有責任談談**避孕**（contraception）問題。我知道，光是這個單詞就足以讓你厭煩，讓你翻白眼，說「又來了！」但是作為一名泌尿外科醫生，我可以非常肯定地說，在性愛時代，陰莖的健康有很大一部分取決於我們在避孕方面的照顧。我希望這是個足夠的理由，讓你不要跳到下一章。

在過去的二十年裡，關於使用避孕藥具（contraceptives）的資訊並沒有什麼變化，儘管我們處理了更多的證據 —— 當然，數量並不一定意味著品質。最近的研究顯示，在 14 至 18 歲的性行為活躍的年輕男子中，只有四分之一的人經常使用預防措施。而如果你問他為什麼這樣做，答案是「為了不冒成為父親的風險」。這本身並不是一個好的答案，但是這個答案表示我們對性傳播疾病的風險估計得有多低。只有 7% 的樣本表明預防是使用保險套（condom）的原因。

說白了，保險套是唯一能有效防止性傳播疾病的方法，這與意外懷孕沒有關係。這就是為什麼如果我們沒有長期的、一夫一妻制的關係，即使我們的伴侶使用一種避孕方式，例如避孕藥，也有必要使用一個。

一包 6 個保險套的價格大約為 8 歐元，可以在藥店或超市或任何出售家庭和個人衛生用品的商店找到，通常在靠近銷售繃帶和消毒劑的地方。甚至在藥店附近的自動販賣機裡，例如賣咖啡。在這裡可以找到它們，這說明它們對我們的健康非常重要。

要購買它們，你不需要有處方箋，也不需要達到法定年齡：這

就像是去買優酪乳。即使對婦女來說，擁有它們也是有用的，以防備他們的伴侶由於粗心或分心而沒有準備。

保險套看起來是一個管狀的外護套，與勃起的陰莖相適應。在它的頂端有一個「小袋子」，或者說是「水庫」，用來容納射出的精子。它通常由乳膠（latex）製成，但是也有聚氨酯（polyurethane）版本，提供有過敏體質的人使用（如果我們不過敏，我們的伴侶可能會過敏！）。

它被歸類為屏障性避孕（barrier contraceptive，又稱工具避孕），也就是說，它能從物理上阻止液體的交換。

尺寸問題（但只在一種情況下）

　　我把我的孩子們留在禮拜堂門口，我感到被觀察。就在那時候，我沒有太在意，但是接下來的日子裡也會發生這種情況。

　　每天早上，一個身穿輔導員T恤的高瘦年輕人似乎都要跟我說話。也許他想讓我知道我兒子米歇爾（Michele）的一個小丑式笑話，或者讓我支付學費的餘額。

　　最後一天，他鼓起勇氣，走了過來。他的名字叫賈科莫（Giacom）。他像毒販一般的賊眉鼠眼，問我們是否可以在一個更私密的地方單獨交談。

　　「您好，我為對您的做法表示歉意，但是我聽米歇爾說你治療陰莖。」

　　我有點吃驚。「是的，當然，我是一名泌尿科醫生。」

　　「哦，好吧，那麼是真的？」

　　「是的，當然是真的，我甚至在大學裡教書，」我說，考慮到他的年齡，賈科莫可能在考慮他高中畢業後的未來。

　　「不，我不問那個，好吧，我實際上需要的，我想，是一個檢查。」

　　好了，現在弄明白了。我把名片遞給他。我這樣做的方式保持了某種非法交換的樣子。

　　他感謝我，然後迅速走開。我聽到他對一個朝他走來的女孩

說：「是的，我爸爸的一個老朋友。」

過了幾週，放假後，我在等候室找到他。

「請進來吧。」

我看了看他填寫的表格。賈科莫，18歲，在紀錄中他寫道，他患有「勃起功能障礙」。

「可能吧，好吧，我想也許是，畢竟我不是醫生，」他說。

我請他詳細地告訴我是什麼導致他得出這個結論。他深深地吸了一口氣。

「嗯，我已經和我的女朋友嘗試過三次做愛。我的意思是，她並不是我真正的女朋友，讓我們說她是一個和我約會的女孩吧。每次我覺得準備好了，我們就要到達高潮了，但是我一戴上保險套，我的『小東西』就軟了。好像它不想這樣做，但是我想這樣做！我害怕如果我不解決這種情況，她會開始認為我以為她很醜。」

他甚至試圖在一個用戶談論其經驗的博客上尋找資訊，但是他沒有成功地得到答案：有些人建議服用營養補充品，有些人建議慢慢服用，有些人甚至取笑他。

我要求他脫掉衣服進行常規檢查。賈科莫是第一次體驗，我擔心焦慮會對他產生惡劣的影響。然而，他看起來是個冷靜的人，雖然害羞，但是有能力面對讓他感到不舒服的情況。

我立即注意到，他的陰莖已經成型，達到了成年人的大小。說實話，這似乎是一個周長高於平均水準的陰莖，與他190公分的

身高相稱。也許現在情況有點清楚了。「去吧，穿上衣服。」

「已經開始了？您不需要做什麼嗎？」

「賈科莫，你用哪種保險套？」

「我不確定，艾麗莎（Elisa）給我的，普通的。」

「我給你一些新的，試試看，然後告訴我。」

下午，當我和一個病人在一起時，我的手機螢幕亮了。

我做到了！我不知道這是怎麼發生的，但是您必須告訴我在哪裡可以得到這些保險套。

透過一個簡短的電話，我告訴他，我給他的保險套並沒有什麼神奇之處，他和幾個小時前一樣。他沒有使用正確尺寸的保險套，從現在開始，他只需要確保在超市裡找到這些保險套。正確尺寸的保險套對於避免疼痛和不適是至關重要的，與此同時也可以避免失去勃起功能。試著穿上小三號的鞋子走動，你的腳肯定會求饒的。此外，太小的保險套破損的風險非常大，僅僅這一點就足以說明要謹慎選擇它們。

以下是完美使用保險套的指南：

1. 選擇一個大小合適的保險套，以避免它在做愛時滑落，如果它太大，或太小，則會束縛陰莖。為了進行正確的購買，我們被授權為自己配備一個裁縫的卷尺，測量我們勃起的陰莖。但是

要小心：我們感興趣的是周長，而不是長度，因為保險套的直徑才是不同的。如果你手頭沒有，可以用紗線或線，用記號筆標記出結合點，然後用尺來測量。

最常見的保險套適用於大部分的陰莖，其周長大約為 11 公分。但是包裝上註明了保險套的直徑：最容易找到的測量值是 52 公分。為了免去你的幾何複習，我將在下面為你提供周長和包裝上數字之間的對應關係，這樣你就更容易掌握方向。

還有一些更有想像力的保險套：螺紋的、水果味的、彩色的、夜光的。但是這些只是審美上的差異，並沒有修改其基本功能，需要花些時間進行試驗。

周長	包裝上的直徑
7 ～ 9 cm	47 mm
10 ～ 11 cm	49 mm
11 ～ 11.5 cm	52 mm
11.5 ～ 12 cm	57 mm
12 ～ 13 cm	60 mm

2. 購買保險套時不要感到尷尬。購買保險套應該使我們為保護自己和伴侶而感到自豪：所以讓我們鼓起勇氣，把它看作是一種關愛的行為。如果我們實在做不到，我們就請朋友幫我們做。

3. 檢查過期日期。像所有易腐物品一樣，保險套也會過期，因為乳膠會變質，失去彈性。過期的保險套很適合你自己練習如何

戴上它們：它們不會傷害陰莖，但是在保護方面卻毫無用處。

4. 不要把保險套放在你的皮夾裡或放在乳膠可能受熱改變的地方。也不要把它們放在你的牛仔褲口袋或背包底部，因為那裡的尖銳物體可能會穿透它們。也要注意你在哪裡買的：你在蘇格蘭尼斯湖（Loch Ness）旅行時買的紀念品保險套，旁邊寫著「想看怪物嗎？」，旁邊是怪物尼斯的圖像，可能品質不是很好。

5. 不要要求你的伴侶沒有避孕套的情況下做愛。最好是在你們不準備做愛的時候談論這個話題，因為這個問題會破壞親密關係，產生不適感，並且使你們雙方面臨不合理的風險。倒不如問問自己，為什麼你不想使用它；而這種情況在色情片中發生並不是一個很好的理由。

6. 當陰莖已經變硬了，在它插入前的那一刻穿上保險套。在勃起之前穿上它並不容易，也不建議這樣做。

7. 把保險套放在陰莖頂端，注意用兩根手指壓住「水庫」，然後沿著勃起的陰莖向下展開到底部。如果它很容易展開，說明我們展開的方向是正確的。請確保它黏住了，沒有氣泡，將它壓在陰莖上。並且注意不要用指甲、牙齒或任何其他物體撕開它。要打開包裝不要用剪刀，而是用手指。

8. 射精後，小心地把保險套取出來，避免精子溢出。用打結的方式保護裡面的東西，這樣就不會有人意外地接觸到它。

9. 無論你的伴侶是女性還是男性，這些指示都是有效的。保險套

不僅僅是為了防止受孕，在同性做愛中也需要使用這一類的保險套。除非經過醫學測試，長期重複，否則沒有人可以確定他們不是性傳播疾病的健康攜帶者。

10. 如果保險套意外破裂 —— 這很罕見，但是也有可能發生，特別是在沒有正確戴上保險套的情況下 —— 最好做懷孕測試（通常在放置保險套的旁邊可以看到驗孕棒）和某些性傳播疾病的篩檢（可以在專門的實驗室進行，或者如果你懷疑某種特定疾病，可以使用藥房提供的 DIY 檢測試劑盒）。

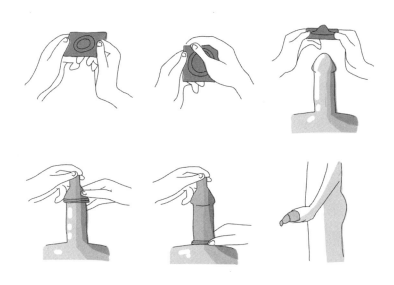

圖 n.15 如何戴上保險套

於 20 世紀 80 年代,在愛滋病毒緊急狀況的高峰期,電視和報紙不斷地用廣告轟炸我們,宣傳使用保險套的重要性。結果是實實在在的,我們目睹了感染病例的大幅下降。然而,之後健康緊急情況結束,這個問題被遺忘了,我們不可避免地放鬆了警惕。

這引起了一系列的問題。保險套不僅是預防愛滋病(Human Immunodeficiency Virus,HIV,人類免疫缺乏病毒)的第一道防線,它仍然影響著全世界大約 4 千萬人,而且它也是我們將在下一節看到的整個性傳播病症的保護傘。即使對於那些存在疫苗的疾病,例如人類乳突瘤病毒(Papilloma Virus,HPV),使用保險套仍然是唯一的防禦手段。正如最近的新型冠狀病毒肺炎(Coronavirus disease 2019,Covid-19)大流行告訴我們的那樣,在病毒感染的情況下,疫苗並不總能百分之百地拯救我們。每三個年輕人中就有一個患有生殖器病變,而且在沒有篩檢的情況下,幾乎從不知道自己患有這種病。

12 月 1 日是世界愛滋病日,義大利紅十字會在許多義大利城市設立了測試站,你可以在那裡進行免費的愛滋病檢測。另外,正如我剛才提到的,你可以自己在藥房購買。

採取這種方法非常簡單,費用約為 25 歐元。它包括微血管抽血(capillary blood sampling,又稱「毛細管抽血」);試劑盒包括一個刺指器(finger pricker),它在食指上做一個微小的切口。所得的一滴血被放置在一個白色的板上,15 分鐘後得出結果。如果你至少在三個月前感染了病毒,這是一個有效的測試,但是如果是

最近感染的，則不是。在做測試時需要注意的一點是，要清洗和消毒你的雙手。如果你是陽性，將需要進一步的實驗室測試。

現在讓我們來看看一個既簡單又多面的主題：陰毛（pubic hair）。正如我們所看到的，只有到了青春期，肚子的下部才會和身體的其他部分一起被毛髮覆蓋。在我上高中的時候，人們說剃毛會使陰莖看起來更長，但是我們這些男孩都沒有勇氣去做。矛盾的是，當我的一個朋友完全光滑地來上體育課的那天，大家開始無緣無故地取笑他。在這個話題上，醫學和泌尿學沒有發言權。有利有弊，但是沒有任何東西能說明這樣做是正確的。

25% 以上剔陰毛的人說他們不止一次傷害過自己。如果你決定剃陰毛，請確保你非常細心。如果你用刮鬍刀，它必須是隨手扔掉的那種，用酒精消毒，並且專門用於生殖器。

最好是在刮鬍膏或生殖器（genital）衛生產品的協助下進行，這樣可以使一切都更順暢。最好的方向是自下而上，從陰莖到肚臍。並非所有的化學產品，例如脫毛膏（hair-removal creams），都適合：有些可能過於激進，會造成刺激。

另一方面，對於極其敏感的部位，例如睪丸，建議不要使用脫毛蠟（depilatory wax）。在任何情況下，都要去找專業人士：拉扯得太用力會造成明顯的擦傷，而過熱的蠟會造成灼傷。

在結束保養部分時，我想介紹一個談得不夠的話題。統計資料告訴我們，從 15 歲開始 —— 一直到 35 歲 —— 年輕人中一種最隱蔽的癌症出現了：睪丸癌（testicular cancer）。我們對與該疾病發

展有關的原因和風險因素仍然知之甚少，但是資料清楚地表明。

　　就像女孩學會檢查乳房一樣，男孩也必須同樣學會對睪丸進行自我檢查，這對癌症的早期診斷至關重要。學會傾聽自己身體的聲音是很重要的。

　　自我檢查必須定期進行，一般在淋浴時進行，這個時候的皮膚最放鬆，或者在鏡子前進行，以便更好地觀察有關部位。將食指和中指放在睪丸後面，拇指放在它的前面，就像形成一個精緻的鉗子。用手指做圓周運動，使你能夠驗證緊湊性和均勻性。如果你感覺到類似於鵝卵石的東西，第一個警鈴就應該響起。

　　檢查兩個睪丸，我們可能會注意到兩者之間的某些差異。如果其中一個看起來像石頭一樣硬，就需要仔細檢查，這應該立即進行。通常情況下，儘管意識到有問題，但是許多青春期的男孩等了幾個月才鼓起勇氣談論這個問題並安排一次檢查，浪費了寶貴的時

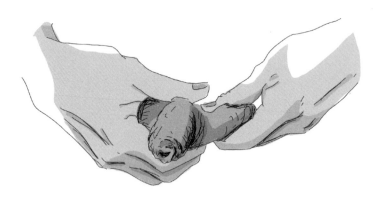

圖 n.16 睪丸自我檢查

間。我仍然記得幾年前我在 8 月 9 日拜訪的一個男孩情況。我立即發現了睪丸癌，但是花了兩個小時和他與他的父親爭論，說我需要做超音波檢查並且立即進行手術。但是他卻不聽，第二天他就要去希臘了。

由於今天的治療方法，睪丸癌的康復率為 95 ～ 99%，即使有轉移。與所有類型的癌症一樣，診斷的時機是最基本的：愈早干預治療，需要應用的方案就愈不激進。

在治療的第一階段，傳統療法要求完全切除有問題的睪丸。為了解決不對稱的問題，需要插入一個人工睪丸假體（prosthesis），以便在視覺上看起來一切正常。然後，健康的睪丸將作為「替代品」運作，這意味著它將發揮雙重作用，補償另一個睪丸的缺失。

伴隨著手術階段的放射治療（radiation therapy）（譯註：簡稱「放療」或「電療」，是一種治療癌症的方式，原理為使用由直線加速器或放射性核種〔衰變產物〕製造的高能遊離輻射來控制或破壞惡性細胞）和化學治療（chemotherapy）（譯註：指使用化學方法合成的藥物來治療疾病，通常是指針對惡性腫瘤的治療）週期現在已經得到了很好的磨練，不可避免地引起的不育狀態只是暫時的。事實上，在短期內，會恢復到完全的生育能力。此外，為了保證未來生育的可能性，當有必要在臨床上對疾病進行治療時，在手術開始之前，會冷凍一個可生育的精子樣本。如果在治療規程結束時生育能力恢復，精子將被淘汰；如果沒有，則可以使用。

目前還沒有系統地篩檢睪丸癌的計畫，不幸的是責任

在於男孩和他們的家庭。大約七至八年前，義大利男性學學會（Italian Andrology Society）要求我創建一個網站：www. prevenzioneandrologica. it，該網站從啟動以來已達到約 30 萬到 40 萬次人流訪問。使用者就與男性泌尿生殖系統有關的最多樣的問題尋求幫助。

因此，網路可以是一個很好的載體，即使你現在應該很清楚，我仍然相信，專注於性教育的對話要有用得多。我們使用的專業人員的準備問題當然也需要考慮，因為談論性問題需要準確、詳盡和無偏見。

病症

現在我們來看看病症部分。為了方便起見，我們將把青春期陰莖的病症分為三類：**先天性的或源於童年**（congenital or deriving from childhood）；**由典型的青春期行為誘發**（induced by typical adolescent behaviors）；**或與性行為有關**（connected to sexuality），在這個時期突然出現。

第一類屬於我們在第一章已經描述過的情況，特別是精索靜脈曲張（varicocele）、陰囊水腫（hydrocele）、包莖（phimosis）和陰莖彎曲（penile curvature）。如果不加以治療，它們會一直持續到青春期：它們不會像魔術一樣消失。

精索靜脈曲張

16歲至18歲這段時間是診斷變得更簡單、症狀更明顯的時候。這也是進行**潛在的外科手術**的最佳時機。

陰囊水腫

兒童和青少年的病症是相同的，在書中〈*1. 兒童的陰莖*〉中的陰囊水腫有詳細的討論。

包莖

這通常是一種先天性的病變，在兒童時期已經明顯出現。如果它出現在青春期，相關的問題可能十分嚴重：它可能與一種極其罕見的皮膚病 —— 扁平苔蘚（lichen planus）（譯註：一種皮膚的發炎疾病，好發於四肢彎曲側、頭髮、指甲、口腔和生殖泌尿道的黏膜。在皮膚會出現紫紅色，頂部平坦的發癢丘疹；在口腔和生殖泌尿道黏膜上則是會有白色網狀的斑塊，通常會有疼痛感）有關，或者是另一種嚴重病症 —— 第 I 型糖尿病（type-1 diabetes）的標誌。

在第一種情況下，我們面對的是一種發炎、慢性和漸進的皮膚病。它在女性中更常見，這可能是為什麼在男性中它往往被忽視的原因。簡而言之，**扁平苔蘚**導致生殖器組織變硬並且逐漸形成白色的疤痕。透過不斷增長和連續的嚴重性階段，它在男性中攻擊龜頭、尿道口和尿道，甚至導致狹窄（收縮）和堵塞。治療方法是在受影響的部位塗抹藥膏 —— 只對緩解症狀有用 —— 進行包皮環切

術或切除病變部位，然後重建。

參照糖尿病，包莖可以是一個相當重要的早期預警訊號。甚至在典型的症狀 —— 脫水、過度口渴、需要經常排尿 —— 之前，**第 I 型糖尿病**就已經出現了，事實上，陰莖封閉和反覆感染。出於這個原因，當發現青少年有非先天性包莖的狀態時，有必要進行血糖測試（blood-sugar tests）。然後根據主要疾病的階段來調整治療方法。

陰莖彎曲

正如我們所看到的，12 歲左右荷爾蒙被啟動，隨之而來的是對性的興趣。我們開始將自己與他人進行比較，並且開始意識到自己的身分，包括其身體的一面。

青少年時期是解決和克服陰莖形狀問題的最佳時期。18 歲的孩子從來沒有這樣做過，現在作為成年人來到泌尿科醫生的辦公室要求進行諮詢的情況相當頻繁。

唯一的解決辦法是手術，最好是在一個完全成形的陰莖上進行。再拖延下去沒有任何好處，而且可能意味著剝奪自己的性寧靜。

第二類是由**青春期行為引起的病症**（pathologies caused by adolescent behaviors）。在荷爾蒙、情緒和心理層面上產生的緊張和動盪影響著青少年的身體、社會生活和戀愛關係。我們透過做每個人都會做的事情來尋求庇護，而不考慮可能的後果；我們在尋找

新的經驗，而這些經驗直到不久前我們甚至都不會考慮。

　　這一時期的發展所誘發的主要病症與飲酒、吸菸和毒品有關，以及它們對泌尿生殖系統功能的影響。但是這些影響實際上在整個機體內都能感受到，特別是對心血管系統。

酗酒

　　醫學上的解釋是簡單又直接的：最低數量（一或兩杯）的葡萄酒，特別是紅葡萄酒，對心血管和神經系統都有好處。對男性勃起機制的影響也是積極的。

　　因此，在 18 歲時，吃飯時喝杯酒不是問題，但是超過兩杯後，影響就從正面變成負面了。這也發生在性領域。事實上，酒精作為一種血管擴張劑（vasodilator），阻礙了勃起機制：隨著攝入量的增加，你抑制了海綿體血管的壓力，最終，該機制被阻止。

　　所以不一定要成為一個酒鬼才能體驗到它的影響；即使偶爾過量飲酒也足夠了。但是持續大量飲酒會產生勃起功能障礙，從長遠來看，這種障礙會變成慢性。

　　因此，為了擺脫禁忌或克服害羞，在做愛時感到輕鬆，飲酒不是一個好主意。

　　在成長的微妙時期飲酒也會對認知和身體發育產生嚴重影響。事實上，你的機體還沒有能力處理它，因為它是一種複雜的物質，你有可能阻礙或抑制生殖系統和調節它的荷爾蒙，例如睪固酮（testosterone）的發展。

吸菸

正如我們所知，吸菸對我們機體的所有功能都有害處，勃起也不例外。在吸菸者中，第一個關閉的血管不是心臟的血管，因為它相對較大，而是陰莖的血管，它的部分較小，因此風險更大。

因此，香菸等對心血管功能的危害在涉及男性生殖器時得到證實，實際上是得到加強。在任何年齡段，甚至在青春期，吸菸都會對性領域產生有害影響，損害陰莖的全部功能，降低其表現能力。

毒品

毒品 —— 無論是較輕的、天然的還是較重的、合成的 —— 對機體都是毀滅性的，因此對男性生殖系統也是如此。雖然它們一開始可以對性行為產生積極的影響 —— 例如，古柯鹼（cocaine，可卡因，中樞神經興奮劑，第一級毒品）給人一種以解決早洩的印象 —— 但是在短期內，更糟糕的是在長期內，它們引發的反應嚴重危害了勃起機制。

臨床資料和醫學研究都很清楚表明這一點，：一旦我們拋開文學和電影中的神話，剩下的就是對身體健康的嚴重後果，包括陰莖。無拘無束的感覺也可能是危險的；當我們沒有意識到自己在做什麼時，我們會採取危險的行為，這可能會導致骨折、病變，或者更糟糕的是，導致感染性傳播疾病。

因此，唯一明智的建議是不要使用它們。

肥胖症

過重的體重是正確的陰莖功能最大的敵人之一。對於有肥胖問題的青少年來說，最能促使他減重的原因之一是有可能體驗到滿意的性生活。

肥胖或超重誘發的功能失調有三種類型。

1. 循環系統的功能因過多的脂肪而受到影響，**對勃起的能力**產生了影響；

2. 腹部的脂肪顆粒最終會與陰莖結合在一起，造成我們已經定義為**包埋陰莖**（buried penis）（譯註：又稱「隱藏式陰莖」，先天性的陰莖被恥骨前的皮膚或組織掩蓋住，或是因為先前的包皮手術引起的結疤組織所造成，或是用來指過度肥胖者因為下腹部和恥骨前的過多脂肪蓋住了陰莖）的情況；

3. 肥胖不是別的，而是脂肪的堆積，也是**雌性荷爾蒙的堆積**：因此，肥胖的男性在**循環中的睪固酮數量**也會下降，這是激發性慾的第一個因素。

身體穿洞

或多或少每個人都希望有一個穿洞。生殖器穿洞（Genital piercings）有著悠久的傳統：非洲、澳大利亞和南亞的古代文明都採用這種方法，而且在某些情況下，仍然將其作為一種成年儀式來改造身體。有些人要求在龜頭上穿洞，有時候也在尿道上穿洞，用小的骨頭或金屬物體，或切開尿道，使陰莖看起來更大或給伴侶帶

來更多的快感。

　　這些改變帶來了經過驗證的最大風險狀況。甚至世界衛生組織（WHO）也針對這個問題發表了意見，提出了精確和詳細的建議，目的在於盡可能地阻止在脆弱的部位穿洞和在生殖器上紋身的做法，因為它們是極其脆弱的部位，很容易引起嚴重的發炎或感染。

　　世界衛生組織的指導方針是嚴格的：在陰莖上穿洞會在尿道（尿液和精液從這裡流出）和龜頭之間建立一座橋梁，構成感染的入口，特別是細菌感染，在最複雜的情況下會導致影響生殖器的最嚴重綜合症：佛尼爾氏壞死症（Fournier gangrene）（譯註：指生殖器、周遭會陰部組織與肛門周邊的感染，本質上是一種「壞死性筋膜炎」，症狀有全身發燙，下體有惡臭味，睪丸腫大）。這是一種極端的情況，需要進行緊急手術，而且有 60% 的死亡機會。

病毒性性傳播疾病

　　我們現在來談**性傳播疾病**（sexually-transmitted diseases）。以下是對**性傳播疾病**的概述，並且區分了由病毒感染引起的疾病和由細菌引起的疾病。這種區分既涉及到為防治這些疾病而採取的治療方法，而且更為廣泛地涉及到對生活品質的影響。

愛滋病

　　今天，最著名的性傳播疾病，至少在術語上，是愛滋病（AIDS），或稱後天免疫缺乏症候群（Acquired Immunodeficiency Syndrome，簡稱 AIDS）。它是由一種病毒的兩個菌株引起的，被稱為人類免疫缺乏病毒（human immunodeficiency virus，HIV，又稱愛滋病毒）。這兩個術語之間經常存在混淆：愛滋病是人類免疫缺乏病毒感染的最終階段。

　　這個首字母縮寫 HIV 代表人類免疫缺乏病毒（Human Immunodeficiency Virus）。僅在 2019 年，全世界就有 170 萬人被發現愛滋病毒呈陽性；在義大利，有 3600 名診斷，幾乎每天都有 10 名新感染者。然而，如果我們考慮到有多少病例沒有被檢測或登記，這個數字甚至更高：正是這些人代表了真正的危險，因為他們促成了疾病的傳播。

　　診斷仍然經常發生在晚期，或在開始出現第一個嚴重症狀時，這意味著受感染的人可能是一個攜帶者，並且在不知不覺中感染伴侶。愛滋病病毒可以潛伏很多年。

　　它被定義為「20 世紀的瘟疫」，因為它有數以百萬計的受害者，包括史上最偉大的搖滾歌手佛萊迪・墨裘瑞（Freddie Mercury）、前蘇聯著名的巴蕾舞蹈巨星魯道夫・哈米耶托維奇・紐瑞耶夫（Rudolf Hametovich Nureyev）、美國普普藝術家凱斯・哈林（Keith Haring）和科幻文壇的超級大師以撒・艾西莫夫（Isaac Asimov）。愛滋病病毒完全是在無保護措施的做愛過程中透過交

換體液傳播的 ── 有血液，甚至有精子或陰道分泌物，不過沒有唾液。上個世紀，這種疾病主要與同性戀者（homosexuals）的世界聯繫在一起 ── 沒有保護的肛交（anal intercourse）經常導致微創手術和非自願的血液交換 ── 以及吸毒者 ── 由於不同使用者共享受感染的注射器。

由於科學的進步，今天 HIV 陽性不再是一個死刑判決。NBA 歷史上最偉大的球員之一魔術師詹森（Magic Johnson，Earvin Johnson Jr.，小艾爾文·強森），在 1991 年宣布他是 HIV 陽性者，然而由於藥物的作用，他繼續過著正常的生活，他支持 HIV 預防的活動比以往任何時候都要強烈。現有的治療方法要求使用能夠阻止病毒在機體內複製的抗病毒藥物組合。

隨著時間的推移，治療方案的總體效果已經顯著提高，因此，今天愛滋病毒感染者的生存率和生活品質與那些沒有感染病毒的人相當。但是仍然必須記住，HIV 繼續駐留在免疫系統的細胞中，目前還不存在完全治癒的方法。某種連續性是治療的必要條件，以保持病毒的存在。

為了消除受 HIV 影響的人今天仍然遭受的恥辱，重要的是請記住，那些正在接受治療的人，那些知道自己是 HIV 陽性並正在用藥物抗擊的人，不會傳播病毒 ── 表示測不到即不具傳染力（**Undetectable Untransmittable，U=U**）：當 HIV 在治療後在血液中不再被檢測到（**Undetectable**），它就不具傳染力（**Untransmitable**）。

　　愛滋病正在緩慢而不斷地減少，但是重要的是不要降低我們的警惕。為了防止感染，請定期和正確地使用保險套。更多關於愛滋病的資訊可以在義大利衛生部網站 www.uniticontrolaids.it（譯註：作者以義大利為例，請見臺灣衛福部疾病管制署網站 https://www.cdc.gov.tw/Disease/SubIndex/3s96eguiLtdGQtgNv7Rk1g），該網站還有一個專門的免費電話（www.salute.gov.it/portale/hiv），以及 www.anlaidsonlus.it（義大利全國抗擊愛滋病協會）上找到。

人類乳頭瘤病毒

　　在年輕人中相當常見的第二種病症是人類乳頭瘤病毒（Papilloma Virus，HPV）（譯註：又稱「人類乳突病毒」，是一種會導致癌化的 DNA 病毒感染造成的），被稱為乳頭狀瘤（papilloma）（譯註：一種由 HPV 致使複層扁平上皮增生的良性腫瘤）。這種病毒一般由男性傳播，只有10% 的病人被診斷出來，因為它所誘發的感染通常沒有症狀，不產生明顯的改變，並且會自行消失。

　　人類乳頭瘤病毒（HPV）的危險性在於其感染後可能產生的腫瘤形式：在女性中它攻擊子宮頸（uterine neck），在男性中攻擊陰莖。此外，如果時間長了，它會引起子宮頸、喉部、陰莖和肛門的皮膚和黏膜（mucous）（譯註：其結締組織部分被稱為固有層，其上皮組織部分被稱為上皮，內有血管和神經，能分泌黏液。其作用是作為人體免疫系統的第一道防線）疾病。人類乳頭瘤病毒

（HPV）會出現幾個生長點，由於其特點，通常被稱為雞冠（rooster combs），或者出現疣狀物（warts）（譯註：指人類乳頭瘤病毒感染所致的良性皮膚贅生物，其為皮膚上小而粗糙、堅硬的生長物，顏色與正常皮膚相似），引起刺激或搔癢。

這些類型的病變大多會自行癒合，但是有時候由於缺乏治療而為致癌形式鋪平道路。這完全取決於你所接觸的病毒血清型和所發生的病變。有 120 種類型的人類乳頭瘤病毒（HPV），但是其中 2 種（HPV16 和 HPV18）是造成最嚴重形式的主要罪魁禍首。

在不能自發癒合的情況下，可以用抗病毒藥膏治療疣狀物和雞冠，通常相當有效。

在人的一生中，10 個人中有 8 個會接觸到這些人類乳頭瘤病毒（HPV）其中之一，而且感染主要是透過做愛發生的。但是，正是因為它普遍沒有症狀，才使它變得非常危險。那些出現明顯症狀的人，例如疣狀物和雞冠，實際上是那些攻擊性較弱的病毒形式。

今天可用的針對**人類乳頭瘤病毒疫苗**代表了一種安全和有效的預防工具。2008 年在義大利推出的四價疫苗（quadrivalent vaccine，針對 HPV 6、11、16 和 18）將 14 歲至 24 歲女孩的感染率降低了 89%，並且部分發展了我們所知道的群體免疫力，即那些沒有接種疫苗的人有可能得到保護。還有九價疫苗（9-valent vaccine），它的作用範圍更廣，現在被推薦使用。

我們經常聽到關於女性接種疫苗的談話，但是男性接種疫苗也很重要。每個義大利地區在這方面都有不同的做法。在網站

www.ioscelgo.it，（譯註：作者以義大利為例，臺灣請見衛福部疾病管制署網站）你可以找到有關疫苗費用（如果有的話）和提供疫苗的診所的準確資訊。

與女性需要在第一次性經歷以前接種疫苗不同，男性可以在任何年齡段接種疫苗。2007 年，我與別人合寫了一份關於男性接種人類乳頭瘤病毒（HPV）疫苗的研究報告，該報告獲得了歐洲最佳泌尿學科學論文獎，醫學界至今仍在討論這一個問題。

正如我認為我們已經澄清的那樣，篩檢對於防止性傳播疾病的傳播非常重要。而女性的子宮頸抹片檢查（pap-test）和人類乳頭瘤病毒測試（譯註：HPV DNA 檢查，能在子宮頸細胞發生變化前識別有否感染人類乳頭瘤病毒特定基因型。早期檢測出 HPV 感染，以及高危險的 HPV 分型，更有效地預防子宮頸癌）是我們僅有的兩種方法。至於與 HPV 感染相關的其他腫瘤，目前還沒有特設的篩檢專案，但接種疫苗對每個人來說仍然是有效的預防工具。

明智的行為，例如接種疫苗和正確使用保險套，可以讓你避免潛在的嚴重併發症。接種 HPV 疫苗並不能防止其他性傳播疾病：始終使用保險套的建議對已經接種疫苗的人也有效。

生殖器疱疹

當我們談到疱疹時，我們會立即想到嘴唇。生殖器疱疹（Genital herpes）（譯註：是一種性接觸傳染病，大多由第 II 型單純疱疹病毒〔 HSV-2 〕所傳染。症狀是生殖器或肛門部位感到刺

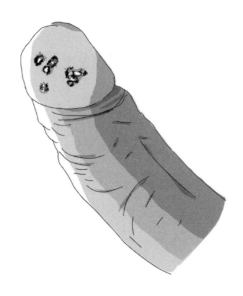

圖 n.17 生殖器疱疹的外觀

痛或搔癢，長滿小水泡。水泡爆破後會留下痛楚的傷口，為期二至
三週，出現感冒的徵狀，例如頭痛、背痛、淋巴結腫脹或發燒），
即使在視覺上與脣部疱疹相似，但是在導致感染的病毒類型上有所
不同。生殖器疾病是由第 II 型單純疱疹病毒的感染引起的，而脣
部疱疹則來自第 I 型單純疱疹病毒（HSV-1）。

　　生殖器疱疹的最初警告訊號之一是在龜頭、包皮甚至陰莖
皮膚上出現紅色或白色的小水泡，女性則是在陰道黏膜（vulvar
mucous）中。在毒性更強的病例中，膿皰（pustules）可以擴展到
大腿和會陰區（perianal area），也可能發熱。

一般來說，病變會演變成相當痛苦的微潰瘍，經常被小結痂覆蓋，嘴脣上也有這種情況。例如加布里埃爾（Gabriel，第 124 頁的主角）的情況就是感染的例子，發生的原因是一些病毒攜帶者沒有出現明顯的症狀，也不知道自己會被傳染。

治療可以透過使用抗疱疹藥膏進行局部治療，或者使用口服藥物從內部對抗感染。積極的一面是 —— 與脣部疱疹一樣 —— 可見的好轉傷口在幾天內癒合，最多幾週，不留痕跡，儘管患處可能在很長一段時間內對觸摸保持敏感。

B 型和 C 型肝炎

最後，還有 **B 型和 C 型肝炎**（Hepatitis B and Hepatitis C）病毒，可透過血液交換傳播。

它們很難在做愛中被感染，因為感染更經常發生在直接涉及血液的情況下。但是不能完全排除這種可能性，用於防止其他性病的保護形式對這些形式的肝炎也有作用，即使我們沒有意識到這一點。

第一次是永恆的

在手術室工作了一上午後，我匆匆走進辦公室。像往常一樣，我查閱了病人的名單，最後一個名字聽起來很熟悉。

當輪到他時，我打開門，面對面地看到我的朋友毛里奇奧（Maurizio）和他16歲的兒子加布里埃爾（Gabriele），我從他小時候就認識他。加布里埃爾立刻顯得非常擔心，堅持要和我單獨談談，於是我招手讓他進來，示意他父親在外面等著。這時候我直截了當地問他有什麼問題。

他以非常嚴肅和堅定的口氣告訴我：「嗯，我上週第一次做愛。」

我想像他是在尋求建議，他的父親很尷尬，把這個任務交給了我。但是他讓我吃驚。他告訴我，兩天前他發現自己的龜頭上出現了一些疼痛的水泡。

我問他的第一個問題是強制性的：「你使用了保險套嗎？」

他怯生生地回答說沒有，因為他的女朋友格麗塔（Greta，與他同齡，交往了一個月）告訴他，她只有一次性經驗，而且他不知道如何使用。我給他做了檢查，診斷結果很清楚：「生殖器疱疹」（genital herpes，請參閱後面說明）。

這時候，我把毛里奇奧找來，告訴他們倆情況。治療要求口服抗病毒藥物，並且在局部塗抹藥膏。不幸的是，即使在症狀消失

後，病毒仍會在機體內潛伏一生，因此感染者既可能感染其伴侶，也可能會復發，特別是在免疫防禦能力低下時，因此有必要重新開始治療。這麼小的男孩將來會有嚴重的影響，這可能不會使他陷入危險，但是會影響他的生活品質。

　　加布里埃爾非常生氣，問我他的女朋友怎麼可能沒有症狀，堅持說她之前只有一次性經驗。我給他的答案是，病毒會主觀地攻擊我們的機體，即使他的女朋友沒有任何明顯的症狀，她也應該去看婦科醫生進行治療。在這方面，我在學校的講座中經常重複一個我認為非常重要的概念：如果你的伴侶有一百次做愛經驗但總是使用保險套，他們比只有一次做愛經驗而沒有保護措施的人更安全。保險套是尊重你自己和你的伴侶的同義詞。

細菌性傳播疾病

梅毒

　　梅毒（syphilis）有著悠久又普遍的歷史，從文藝復興時期到上個世紀，梅毒在西方廣泛流行。它經常在文學和藝術中被提及，其受害者包括法國小說家居伊・德・莫泊桑（Guy de Maupassant）和法國印象派畫家保羅・高更（Paul Gauguin）。

　　梅毒是由梅毒螺旋體（Treponema pallidum）引起的，根據一個最權威的假設，它可能是隨著克里斯多夫・哥倫布（Christopher Columbus）發現新大陸的水手到達歐洲的。可以肯定的是，它今天仍然影響著數百萬人 —— 在本世紀初有 1200 萬人，主要在發展中國家 —— 特別是在 15 歲到 20 歲之間，而且它也是流產（miscarriages）的主要原因之一。

　　男性的第一個症狀是陰莖上出現小潰瘍。潰瘍是可以在龜頭或包皮內側形成的瘡瘍。它們顯示存在潛在的病變，甚至是簡單的感染，與此相對應的是含有細菌的漿液性分泌物。有不同的類型，每一種都表明有不同的病症。

　　如果它們是梅毒的前兆，就會出現孤立的情況。在這種情況下，潰瘍是圓形或橢圓形的，並不特別疼痛。然而，它們可能與其他更罕見的疾病有關，例如**性病性淋巴肉芽腫**（Lymphogranuloma venereum，LGV）（譯註：又稱「第四性

圖 n.18 梅毒潰瘍

病或花柳性淋巴肉芽腫」。除了性行為的接觸傳染外，有時候
也會因接觸汙染物質而染病），一種由砂眼披衣菌（Chlamydia
trachomatis）（譯註：引起砂眼和生殖泌尿系統的疾病）引起的
性傳播感染。除了潰瘍外，在這種情況下，我們注意到腹股溝淋
巴結（inguinal lymph nodes）的腫脹，而這些淋巴結又常常形成
皮膚病變。最後，**腫瘤性潰瘍**（tumoral ulcers）出現，邊緣堅硬
而不規則，非常疼痛。

　　如果立即治療，這種疾病並不難克服。潰瘍可以自行癒合，
但是這並不意味著疾病已經治癒，因為它可以以潛伏的形式持續存
在。要解決這個問題，以抗生素為基礎的治療幾天就足夠了。另一
方面，如果被忽視，它可能變得非常危險，在 8% 至 58% 的病例

中甚至可能導致死亡。

淋病

　　淋病（Gonorrhea）曾被稱為「白濁」，在英文稱為 the clap（「拍手」），在義大利文稱為 scolo（譯註：「排水」，白濁、the clap 或 scolo 這些俗稱長達幾百年，因為社會談論性病有偏見或誤解，故用俗稱來代稱）。因為其最明顯的症狀是尿液和膿液的流失，淋病可以影響男性和女性的生殖器。不穩定的衛生條件、飲食不足、缺乏醫療援助、性濫交（sexual promiscuity）和不使用保險套是主要原因之一。在其最具侵略性的時候，它甚至可以攻擊身體的其他部位，從直腸（rectum）到咽部、關節、肝臟，甚至心肌（myocardium）。

　　淋病也可以用抗生素治療，要儘快開始，部分是為了防止引發併發的梅毒感染。

披衣菌、尿漿菌和黴漿菌

　　這裡我們將披衣菌（Chlamydia）、尿漿菌（Ureaplasma）和黴漿菌（Mycoplasma）三種出現相同症狀的細菌感染歸為一類：**排尿時搔癢和刺激，以及尿道炎**（urethritis），即尿道的急性或慢性發炎。診斷是透過尿道拭子（urethral swab）進行。

　　砂眼披衣菌的感染在歐洲是最常見的性病。但是這三種疾病都可以用特定的抗生素治療，由泌尿科醫生或家庭醫生處方。

酵母菌感染／念珠菌症

最後是來自白色念珠菌（candida albicans）引起的**酵母菌感染**（Yeast infections，也稱「念珠菌感染」、「黴菌性陰道炎」等），這是一種存在於我們機體中的真菌（fungus），其攻擊性通常是由免疫防禦系統的改變引發的。它可以透過性伴侶傳播，但是通常不被歸類為「性傳播疾病」。即使它在女性中更常見，在男性中也會引起包皮下的刺激和燒灼感、**龜頭炎**（balanitis），或出現紅色斑點或小潰瘍。

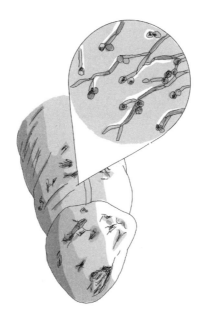

圖 n.19 白色念珠菌潰瘍

大量使用抗生素來對抗任何一種正常的感染，可以為真菌的增殖創造適當的條件，從而引發惡性循環：一個問題的治療會產生另一個問題，如此反覆。我建議使用特定的生殖器清洗劑（genital cleansers）和抗真菌藥膏（anti-fungal cream）。

　　這些病症中有許多具有類似的症狀，可能難以識別。這使得去看專家更加重要，他們能夠準確地識別病毒、細菌或真菌，並且開出最適當的治療處方。

　　然後，這種治療必須擴展到與病人發生過性關係的伴侶身上。告知和病人發生過性關係的人，以便他們能夠接受檢測和治療是負責任的做法。

　　我還要重申，可以透過兩種方式進行預防：接種疫苗，以及正如你們現在熟知的，使用保險套。

緊急情況

　　在青少年時期，緊急情況也是指日可待的。正如我們都知道的那樣，實驗會導致災難性的結果。讀者請注意：「破裂」這個單詞即將多次出現。對於所有這些緊急情況，請儘快到最近的急診室就診。

　　當陰莖繫帶過短（frenulum breve，請參閱〈1. 兒童的陰莖〉中的陰莖繫帶過短），而這種情況沒有被發現並透過醫學手段解決時，就會發生陰莖繫帶撕裂或斷裂（rupture of the frenulum）（譯註：

陰莖繫帶是男性勃起時受力最大的位置，因此當繫帶撕裂或斷裂，只要有勃起現象，就會感到疼痛不適）。這種意外可能突然發生，很少在自慰（masturbation）時發生，更多的是在第一次性體驗時發生。撕裂或斷裂後會有出血，有時候大量出血。你可以透過緊固出血部位來做出反應，從而阻斷小量出血。如果你不能這樣做，你就需要縫合。無論哪種情況，都建議去看專家。

陰莖骨折（fracture of the penis）（譯註：又稱「陰莖折斷」，指陰莖海綿體外包覆的白膜破裂，傷及海綿體，導致出血、陰莖彎曲變形，嚴重甚至傷到尿道、出現血尿，通常會送急診，以手術清除血塊，再將破裂處縫合），有時候被俏皮地稱為指甲髓骨症候群（broken nails syndrome），這是一種更嚴重的創傷。折斷的是保護陰莖海綿體的白膜（tunica albuginea），一般是在性行為中，因為陰莖必須勃起。

研究發現，當做愛是在緊張的條件下或在一個不舒服的地方進行，迫使你把自己放在尷尬的位置上進行性行為時，例如在汽車裡，這種情況會更頻繁。你意識到這一點主要是由於劇烈的疼痛，但是也可以聽到嘎吱嘎吱的聲音，就像骨頭一樣。白膜破裂導致血液流出，這就是為什麼你看到瘀傷或深色區域。

在這種情況下，唯一的解決辦法是手術。在全身麻醉的情況下，在陰莖上做一個切口來修復損害，然後大約縫合十針。手術後，有必要禁止做愛，直到痊癒。

一個破「蛋」者！

　　現在是夏天下午的**4**點鐘，在診所裡有一種近乎不可思議的平靜，我的看診預約一個又一個的被取消。正當我開始考慮晚餐吃什麼的時候，ECD這三個字母出現在我的手機螢幕上：表示「急診和簽到部」（Emergency and Check-In Department）。換句話說，就是：速到急診室（ER）。

　　「怎麼了？」

　　「快，我們有一個男孩有嚴重的外傷，睪丸有一個大瘀傷，我從來沒有見過這樣的事情。」衝下樓梯，我向手術室發出警報，並且要求麻醉師快到急診室。當我到達那裡時，我意識到為什麼護理師在電話裡那麼激動。男孩的右睪丸呈現深藍色。

　　尼科洛（Niccoló）17歲，是越野車冠軍，他在比賽中發生了意外。他的父親馬西米利亞諾（Massimiliano）很絕望。我告訴他，我們必須對破裂的睪丸進行手術，並且評估損害的嚴重程度。

　　這個年輕人盯著我，臉色蒼白；他的父親馬西米利亞諾不接受這個結果。

　　「他只是撞了一下！這幾乎不算什麼，你知道我的身上被朋友打到多少次球，我疼得厲害，幾分鐘後就好了，我們不應該只是在上面放些冰塊嗎？難道沒有替代手術的方法嗎？」

　　「不，沒有，相信我，讓我們避免使這一經歷變得比現在

更複雜。我需要你和你的妻子立即授權，因為尼科洛是個未成年人。」

經過一個小時的電話和爭論，我們進入了手術室。我的同事兼朋友恩里科（Enrico）也已經到了。我們試圖排出血性滲出物，但是陰囊結構受到嚴重影響。睪丸無法挽救，我們必須將其切除。

一個月後，我在手術後檢查時見到了這個男孩，他的媽媽陪同我，她為她丈夫馬西米利亞諾在兒子尼科洛手術後的行為向我道歉。他拒絕和我說話，事實上，他看起來比尼科洛更痛苦。我們在當天上午安排了一個較小的第二次手術，以放置一個假體睪丸。他問了我很多問題，我向他保證：沒有人會注意到一個假的矽膠睪丸的存在，即使只有一個，他的生育能力也會正常，畢竟，這就是為什麼大自然給了我們兩個！我們一起決定了正確的尺寸！我們一起決定了假體的正確尺寸，一切都在20分鐘內結束。

幾個月後，我收到一封電子郵件，其中附有一張尼科洛騎著摩托車騰空而過的照片。一個紅圈突出了他的比賽號碼：2。

幸運的2這個數字！謝謝你，醫生！尼科洛敬上。

我微笑著把照片轉發給同事恩里科，分享這次可怕經歷的快樂結局。

當我聽到「一個破『蛋』者！」（What a ball-breaker!）的說法時，我並不總是想到這個說法的比喻意義。事實上，各種睪丸創傷都是可能的，包括**斷裂**（rupture）。正如我們在尼科洛的病例中看到的那樣，這與我們討論的童年時期**睪丸扭轉**（torsion）不同。對睪丸的打擊產生了一些男人能感覺到的最強烈的疼痛。有時候，這種衝擊在幾分鐘後就會消失，或者透過冰敷，其他時候它可以持續很長時間。在後一種情況下，最好去看醫生，因為只有超音波檢查才能確認睪丸破裂（rupture of the testicle）（譯註：是指睪丸的白鞘破裂，輕微的破裂可以直接縫合修補而達到痊癒。愈早發現，愈早修補，受損睪丸功能的保存也會愈高）。接觸性運動和被球擊中是最常見的原因之一，因此通常建議增加一層保護措施：例如拳擊中的加固內衣或襪帶。

然後是**燒傷**。我們已經提到了脫毛蠟的不當使用，這仍然是導致生殖器燒傷的最常見原因之一，但是最普通的事故就在身邊。在急診室，我曾多次治療被沸騰的麵條水或熨斗燙傷的病人。在這些情況下，也不應該低估普通的壞運氣。

醫生的責任是為我們的病人、他們的問題、疑問和擔憂（無論是否有根據）提供服務。事實上，在常規檢查或急診入院時，一些潛在的病症被及早發現，這並不罕見。常識、注意、預防和開放的對話和交流是解決這裡討論的大部分問題的關鍵因素，對於任何識別和解決青少年健康問題的過程都是必不可少的，但是它們在與成年人的關係中也是非常有用的。

3.
成年人的陰莖

「我的這根『公雞』是隻老虎！它很兇猛，也很強大！它還需要什麼協助呢？」一位 39 歲的父親在回答一項關於男性生殖系統檢查頻率的調查時寫道。然後他糾正了自己：「哦，寫得太糟糕了。」

「成年：指人的一生中從青春期結束起，一直持續到老年的開始。它由第一階段青年期（20 至 30 歲）和壯年期（30 至 45 歲）以及第二階段中年期（45 至 65 歲）所組成。」

這是健康專家網站 PerFormat Salute 對成年人的定義。

我當即覺得説：這是多麼漫長的階段啊！從青春期結束開始，成年男性的身體在大約三十年內幾乎保持不變，經歷小的改變或修飾，一般在 50 歲以上發生。在這個漫長的時期內，陰莖也保持不變，處於穩定狀態，然後才進入老年期。

所以第 3 章是一個精采的章節。它包括性行為、生育能力以及我們與藥物治療的關係等許多關鍵階段。我們仍然將其分為「保養」、「病症」和「緊急情況」三節，但是我們還會用大量篇幅介紹 Covid-19 新冠肺炎流行病及其影響。

永遠年輕

「我在網路上看到一張你打扮成蝙蝠俠的照片!」

是安東尼奧（Antonio），預定明天讓我動手術。我以為他打來問例行手術前的問題。我結結巴巴地說:「我真的很抱歉……我會請一個同事來代替我。」「不,不,不要這樣做!」「蝙蝠俠幫我動手術,我很激動!我很高興!既然有您在,您說要花多長時間?」

現在我想解釋一下這張照片的存在。

幾年前,我一位親愛的朋友讓我幫助他完成一個命題為「超級英雄的隕落」的攝影比賽項目。

「聽著,你是否碰巧有另外兩個和你一樣瘋狂的朋友,願意在星期六下午穿上角色扮演服裝?我想拍攝三個在困難時期墮落的超級英雄。」

「當然,沒問題。」當一個朋友請求幫助時,你要盡你所能去幫他。

三天後,佛朗哥（Franco）、赫拉多（Gerardo）和我成了蝙蝠俠、超人和蜘蛛俠。

「格里（Gerry）,我們在佛羅倫斯市中心,如果我遇到熟

136

人,我該怎麼辦?」

我還沒說完就聽到一個聲音。「嘿,醫生!您今天為什麼這樣打扮?現在是4月,狂歡節已經結束有一段時間了!」是一個病人,他在他的車子駕駛座上對我說話。

「是的,聽著……請你不要再按喇叭了,開車吧,我們擋住了交通。還有,別忘了你的治療,你一個月後要做檢查。」

我們正駛離6路公車的「De Amicis」站,這時候一位大約70歲的婦女在我們旁邊坐下,眼睛都不眨一下,她向我們詢問公車時刻表的資訊。

也許我應該更經常地穿上這套服裝。我覺得它似乎符合我想成為的成年人的形象,無拘無束。

保養

隨著男孩變成男人,**陰莖衛生**的社交重要性突然減少了。廣告也無濟於事:電視上只有女性陰道搔癢(genital itching)、用粉紅色瓶子清潔和女性尿失禁(urinary leakage)的廣告,而像希臘男神阿多尼斯(Adonis)俊男般的身體在刮鬍刀和刮鬍潤膚露廣告中占據了重要地位。

如果我說在公眾輿論中,當涉及到生殖器衛生、護理、例行公

式和儀式時，男女之間仍然存在雙重標準，我想我並沒有揭開任何祕密。事實上，這真的不應該有爭議：乾淨的陰莖是一個更健康的陰莖，陰道也是如此。儘管衛生狀況良好，但是注意到奇怪的氣味可能是一個跡象，說明存在著問題。感染或龜頭細菌群的改變可能正在發生。包皮過長可能是造成難聞氣味的另一個原因，導致清潔困難和尿液或汙垢的累積。記住要清洗！始終注意不要使用太強效的肥皂（不，不建議使用三合一的肥皂 — 洗髮精 — 除臭劑）。

今天，我們可以複製我們的陰莖，把它變成一個性玩具，穿上加墊的內衣，讓好奇的人以為我們有一個超大的陰莖，但是除了泌尿科醫生的診所，沒有一個地方可以讓我們自由坦率的談論這個話題。本書出版的目的在於將我辦公室的氣氛帶入各位讀者的家中（不過也可以帶入海灘，這取決於你在哪裡閱讀它）。掀起一個良性循環是至關重要的，這樣我們就能逐漸放棄陰莖健康和圍繞它的一切是禁忌的想法，尤其是對相關的人來說。

在成年期，陰莖不會發生任何實質性的形態變化，除非出現病變。上一章的建議是每個月對睪丸進行一次自我檢查，這一點仍然有效，儘管由於缺乏資訊，這種做法在義大利肯定不普遍。事實上，睪丸癌在 20 至 40 歲的年齡段中發病率最高，而在 60 歲以後則比較少見：如果不進行自我檢查和照鏡子，幾乎不可能在早期階段診斷出腫瘤。

以下是關於如何進行**睪丸檢查的扼要指南**，這只需要幾分鐘的時間。在拇指和食指之間巧妙地滑動每個睪丸。**觸摸它整個表面。**

它的一致性應該都是均勻的（記住，一個睪丸比另一個稍大是正常的）。

讓我們扮演醫生的角色，尋找附睪（epididymis）（譯註：又稱副睪，是男性生殖器官中連接睪丸和輸精管的管道）和輸精管（vasa deferentia）：它們是柔軟的結構，類似於小管子，在睪丸上方和後面，它們的作用是運送精子。請熟悉這些線索的感覺，尋找血塊、腫脹、看起來似乎不對勁的東西，即使它沒有引起疼痛。

檢查需要至少每個月進行一次。我們必須注意任何大小、形狀或稠度的變化，如果發現有結節或其他情況，請去看醫生。也許這沒什麼，但是萬一它變成了腫瘤的話，可能會很快地擴散，如果及時診斷，至少在99%的情況下，我們可以獲得治療。

誰知道你最近看到了多少篇命題為〈冠狀病毒時代的愛情〉的文章。我已經讀了很多篇。關於冠狀病毒本身和它的傳播方式、疫苗以及與之相關的一切，已經說了這麼多。但是在這裡，在我自己的小花園裡，我想多說幾句，談談冠狀病毒病在泌尿科和性領域已經和將要產生的影響。

我在這方面的第一次採訪可以追溯到2020年3月5日，在義大利發現第一個病例的兩週後，在全國第一家也是唯一一家「新聞與談話」廣播公司Radio24的〈La Zanzara〉節目中，我想傳達的訊息是，當然，做愛可以提高免疫防禦能力，但是在那個特定的階段，有必要選擇一個單一的伴侶，或者在最壞的情況下，要單獨行動，然而這個問題完全被忽略了。在第一次封城期間，電

視被一大批病毒學家和免疫學家圍攻，他們把我們的情感領域放在後臺，原因很簡單：冠狀病毒病對性生活沒有直接影響。

像往常一樣，這個問題要複雜一些。從這一流行病開始進行的研究和調查強調了一些值得考慮的問題，我們將在後面指出其後果：**新型冠狀病毒肺炎在泌尿外科領域的影響**主要體現在性行為和腫瘤病理方面。

資料顯示，在〈義大利 Covid-19 隔離區對性生活的影響〉研究中接受採訪的夫婦裡，在第一次封城期間，性慾增加了 40%，對自慰（auto-eroticism，又稱手淫）也是如此。相反，性滿意度卻下降了（-53%）。甚至每個月的性關係頻率也遵循同樣的趨勢，儘管有更多的時間可以和伴侶在一起。人們在床上也沒有太多的嘗試，更願意相信習慣，這是海嘯中的一個救生艇。

研究這一悖論的性學家發現了一個合理的解釋，在行話中被定義為「親職化」（parentalization）（譯註：是一個人在童年或少年時，被迫像成年人一樣照顧父母或兄弟姐妹，滿足他們的需要，保證他們的健康，保護他們不受傷害，讓他們安全）：花時間在一起的同時完全忘記了誘惑。這造成了將對方視為情人的巨大困難，而更多的是將其視為姐妹或兄弟。很高比例的受訪者還說，他們和伴侶的關係變得更親密，與他們爭吵變得更少了。如果我們考慮到我們不得不與失去我們所愛的人的恐懼和維護我們被迫分享的家庭安寧的需要作抗爭，這是很自然的。不過這種特別強烈的感情並沒有導致性的必要條件。

最有危機感的夫妻無疑是那些夫妻雙方都習慣於在外面工作的日子。被迫整天待在一起打亂了夫妻關係的動態；除了面對自己的個人危機的麻煩外，還必須為對方的危機留出空間。簡而言之，在關係領域沒有什麼新東西；改變的是強度。

那些曾經或將要有力量向心理學家、性學家和治療師尋求幫助的夫婦已經成功了一半。愛並不總是足夠的，特別是在像我們發現自己日復一日處於荒謬情況下。

然後是那些經歷過異地戀的人，他們說他們求助於長時間發色情簡訊和 Zoom 視訊，試圖保持興奮的小火焰。性玩具生產商甚至利用他們的聰明才智，創造出可以遠端控制的設備……現在這就是「適應性」。

我們目睹了色情產品使用的增加，從谷歌使用者的搜尋資料中也可以驗證。在其他方面，你還記得，色情網站 Pornhub 決定犧牲自己，為義大利人提供免費的高級訂閱，使 #iorestoacasa| AZIONI D'ARTISTA（譯註：義大利羅馬國立二十一世紀當代藝術博物館推廣的〈# 我待在家 | 藝術家行動〉"I'm staying home" 線上項目）這個標籤變得更加火熱。另一方面，治療勃起功能障礙的藥物銷售量下降，證明了這樣一個事實，即使用這些藥物的機會已經急劇減少，部分原因是由於我們伴侶的距離，也許在另一個城市。

在第一次封城結束時，當樂觀主義和 #andràtuttobene（「一切都會好起來」）（譯註：#andràtuttobene 意味著一切都會好起來 ——這是孩子們向世界發出的積極訊息，而 #iorestoacasa 現在是義大利

使用最多的標籤之一，鼓勵人們留在家裡）標籤只是一個遙遠的記憶時，抑鬱和焦慮的狀態有所增加，這自然對性領域產生了更多負面的影響。因此，如果說以前人們已經不怎麼做愛了，也不怎麼滿意，那麼在第二次封城期間中，情況變得更加黑暗。就像谷歌上關於陽痿和勃起功能障礙的搜尋減少了一樣，那些關於生育能力和做父母的願望也在下滑。至少對大部分義大利人來說，在不確定的時期考慮擴大我們的家庭事實上不是一個優先選項。由於需要避開擁擠的醫院，求助於人工授精的情況也有所減緩。

另一方面，就病症來說，在未來幾年，我們將看到腫瘤數量的增長，包括攝護腺（prostate，又稱前列腺）的腫瘤。原因在於秋天，事實上，是幾乎完全沒有腫瘤，所有那些被推遲的預防性檢查和篩檢，因為「不緊急」，而這些檢查實際上對及時發現它們至關重要，在它們變質以前。我的建議是：儘快重新安排所有你為遠離醫院而避免的預約。

在具體的預防領域，我們決定在專門用來維護攝護腺癌（prostate cancer）的部分插入分析，以強調診斷和檢查的重要性，而不是將其發展為一種病理學而已。

攝護腺癌是男性人口中最常見的癌症之一：罹患此病的機率相當於八分之一。但是這並不需要引起恐慌。康復率是有希望的，特別是當你進行快速干預治療時：90% 接受治療的病人在診斷後 5 年仍然活著，這是一個積極的資料。

我想再次重申，預防和早期診斷是根本。在這種情況下，遺傳

學產生重要的作用：如果近親罹患過類似的腫瘤（父親或兄弟，但是也有母親或姐妹罹患過乳腺癌或「卵巢癌」，這是由同樣的基因突變造成的），罹患攝護腺癌的風險就會增加一倍，正是由於這個原因，必須注意和監測自己。甚至**生活方式**也會影響到罹患腫瘤的可能性：例如，富含飽和脂肪的飲食和久坐不動的行為會有利於腫瘤的發生。最後，衰老是另一個因素。40 歲以前，如果沒有症狀，擔心還為時過早，但是 45 歲以後，就有必要了。

攝護腺癌在早期沒有症狀，其警告訊號之一是排尿時出現問題，包括疼痛和燒灼感。尿液或精子中帶血，夜間需要頻繁排尿，以及難以保持恆定的尿量，都應該促使我們提出問題並且進行仔細檢查。所有這些症狀，正如我們稍候將看到的，也可能與其他潛在的良性攝護腺病變有關。

腫瘤的診斷是透過在泌尿科醫生或家庭醫生的辦公室進行直腸指檢（rectal exam，又稱「肛診」）。但是攝護腺特定抗原（PSA，Prostate-Specific Antigen）（譯註：是一種只存在於攝護腺上皮細胞的蛋白質，可方便地抽血測量。PSA 可作為早期偵測「攝護腺癌」的工具，幫助我們在還沒有任何臨床症狀以前，就早期發現「攝護腺癌」病變，以便早期治療，提高治癒率）檢測也是一個很好的指標。事實上，**攝護腺**是唯一具有個性化標誌物特徵的腺體 —— PSA，即攝護腺特定抗原 —— 可以提醒你其腺體中是否出現了一些病變。更具體地說，PSA 是由攝護腺產生的酵素（enzyme，又稱「酶」），其作用是在射精後保持精子的液體。

PSA 的分析是透過血液檢測進行的，不需要空腹，但是在之前的 48 小時內，最好不要進行激烈的運動，因為這可能會使結果產生誤差。記住異常的水準並不自動意味著有腫瘤，這一點總是好的。根據資料，的確，在 75% 的 PSA 升高的病例中，隨後的切片檢查並沒有發現腫瘤，而是發現了異常情況。檢查的主要方面是由該指標隨時間的變化而產生的。這就是為什麼在 45 至 50 歲左右進行第一次 PSA 檢查，然後定期重複檢查，以監測其變化。今天，我們甚至可以在藥房透過微血管血檢（capillary blood test，又稱「毛細管血檢」）來檢測：15 分鐘後就可以得到結果。

在一個人的一生中不斷地進行檢查，可以了解該標記物在個人身上的演變。例如，如果我們看到一個突然和顯著的上升，我們可能是在一個過渡性發炎的存在，而不是一個腫瘤。緩慢而持續的上升可能顯示是良性攝護腺增生（Benign Prostatic Hyperplasia，BPH）。另一方面，從 2.5 上升到 2.9，應該表示仔細觀察的智慧：即使它可能看起來是在正常範圍內，這種變化可能顯示一個腫瘤細胞已經形成或正在形成。

一旦你測量了你的 PSA，你需要去見一位泌尿科醫生，他會「閱讀」這些資料。只有他能解釋這些轉變：請避免自己這樣做。PSA 不是瓦斯表，這個問題要複雜得多。所收集的資料必須和病人的臨床情況、個人史、家族史和診所的檢查相結合。

透過監測和良好的預防，所有情況都可以以積極的方式解決。下次你看到你的家庭醫生時，讓他們為你作這個檢測。

　　不久前，我們提到了成為父母的願望，這個論點與生育能力（fertility）密切相關。想在我們的星球上留下切實的印記對許多人來說是一種壓力，而滿足這種壓力的解決方案之一就是生孩子，從而為物種的延續做出貢獻：大約 85% 試圖懷孕的夫婦，在不使用避孕措施的情況下定期發生性關係，在一年之內獲得懷孕。但是其餘 15% 的人遇到了問題。

增加親密關係

　　安東尼奧（Antonio）40歲，西爾維雅（Silvia）35歲，他們在一起五年了，決定是時候把他們的第一個孩子帶到這個世界上了。他是一名建築師，住在米蘭，而她是一名律師，住在佛羅倫斯。即使在結婚後，他們仍然保持著異地戀的關係：他們對自己成功建立的東西感到高興，無論是作為一對夫婦──他們對自己關係的強度感到非常自豪──還是個人，因為他們的獨立性使他們擁有了兩個輝煌的事業。

　　他們在經歷了一年令人沮喪的懷孕嘗試後，來到我的診所，確信他們之中某一個人的身體出現了問題。他們來找我，想知道問題到底是出在安東尼奧身上還是西爾維雅身上。

　　他們告訴我他們的故事，但是當他們告訴我他們各自的住處時，我阻止了他們。

　　「你們多久時間見一次面？」我問。

　　「幾乎每天晚上都在Skype上，在我們吃飯的時候互相陪伴；週六和週日會親自去對方的住處，有時候在佛羅倫斯（西爾維雅住處）這裡，有時候在我那裡（安東尼奧住米蘭），我們輪流拜訪。」

　　「好吧，這是你們的問題。」他們的臉看起來非常困惑。安東尼奧陷入沉默，雙手叉腰，西爾維雅盯著我，提高了聲音。

「嘿，聽著，我們是來做醫療諮詢的。我已經不得不忍受我母親的說教了，她說我們不能再這樣下去了，一個已婚女人不應該獨自生活，安東尼奧在欺騙我。我不打算聽您說教。這是我們自己的選擇，我們有權決定什麼是適合我們的生活，明白嗎？」

「等等，如果妳讓我解釋一下，我相信我們可以消除這個誤解。我絕對無意取代妳母親的位置，」我回答。「當有抱負的父母來見我時，被不會到來的懷孕弄得筋疲力盡，我總是用一個我認為非常有效的比較：生孩子就像打靶，有時候只是運氣，有時候妳需要練習。增加妳的嘗試會增加妳成功的機會。畢竟，懷孕是一個統計學問題。由於你們之間的物理距離，你們的打靶可以說是一種愛好，而不是一項嚴肅的運動。我不想批判，只是告訴你們，從醫學的角度來看，你們的嘗試太少了，不能得出結論說有些東西是無效的。」

情況稍稍平靜下來了。我告訴他們，我們會進行所有適當的臨床評估，首先對安東尼奧進行精子檢測，然後對西爾維雅進行婦科檢查。

一個月以後，檢測結果顯示一切運作正常，我再次堅持認為需要花更多的時間在一起，進行更多的做愛次數。在我的辦公室裡，一場新的辯論開始了，但是和上次不同。

「聽著，西爾維雅，和我一起住吧，我不可能離開工作崗位，我們有太多正在進行的專案，工作夥伴洛倫佐（Lorenzo）不會理解的。」

「我已經告訴過你，我不能就這樣離開，我已經做了那麼多的犧牲，我不能現在就離開。」

「西爾維婭，別這樣，妳很清楚⋯⋯。」

診所助理的敲門聲救了我。「醫生，瑟奇內利（Cecchinelli）先生打來電話，他想知道是否可以把他的5點預約提前。」

他們兩個人站起來，沒有再說話，走了出去，明顯地激動起來。確認他們的數字都在正常範圍內，可能比一些有醫學解決方案的問題更讓人感到痛苦。

在幾個月後，6月份我再次見到安東尼奧，這次是為了睪丸的疼痛，結果發現這只不過是他在一場友好的籃球比賽中受到的打擊，過幾天就會自行消失。我趁機問起西爾維雅的情況。安東尼奧告訴我，沒有什麼變化。

「如果我可以的話，利用你們即將到來的暑假，在沒有任何人在身邊打擾的情況下，一起度過至少三個星期，這可能是有幫助的。」安東尼奧看起來對這個建議不是很有興趣，我有種感覺，我不會再看到或聽到他的消息。

9月，我收到一封夾帶附件的簡訊，一張在托斯卡納山上的自拍照片。上面寫著：

它成功了！

　　如果你們的情形和安東尼奧與西爾維雅不同，而你們已經認真地一次又一次地嘗試，但是始終沒有結果，那麼請考慮調查原因並隨後進行適當的治療可能會有幫助。在這種充滿恐懼的微妙時刻，伴侶雙方有必要坦率地說出他們的期望和進行特定過程的意願。

　　如今，有非常複雜的技術來治療大部分不孕不育的原因。但是其中一些的成功率遠未達到 100%。有些夫婦選擇不生育，這是一個可以理解的選擇。不過重要的是，任何決定都是相互的。如果你打算繼續進行治療，請了解您想進行到什麼程度。不孕不育治療可能是昂貴的、漫長的、痛苦的，在某些情況下可能會失敗。從一開始就確定你的極限很有用。

　　對生育能力的任何調查都應該把夫妻雙方作為一個整體來考慮。我個人認為，首先應在男性身上尋找懷孕困難的問題根源，原因很簡單，因為這樣可以更快地收集到有關情況的臨床圖片。檢查、荷爾蒙測試、超音波、培養測試（culture tests）（譯註：用於尋找可能導致感染的病菌，如細菌或真菌；敏感性試驗檢查哪種藥物，如抗生素，對治療疾病或感染最有效）和精子圖解（spermiogram）是快速、詳盡和可靠的步驟。在大約 30% 的不孕不育病例中，原因完全是男性，另外 20% 的問題在於雙方。

　　因此，在 50% 的案例中，男性都參與其中。儘管我們應該具體說明：分析女性的問題不會在這裡處理，僅僅是因為它們不在我的專業領域內。

首先要做的就是在一個專門的實驗室裡做精子圖解（spermiogram）。我們被要求在分析精子樣本以前 —— 不超過兩小時以前 —— 向一個容器中射精，這是閉門造車（以前提供色情雜誌，但是現在我們依靠網際網路），因為重要的是驗證精子的流動性，而不是它們的數量（它們能游得多好，從而找到它們穿過子宮和進入輸卵管的路徑，這是一種庫珀測試〔Cooper test〕）。建議事先禁慾 2 至 5 天 —— 我個人總是建議禁慾 2 至 3 天，以便獲得「豐富」的樣本。

如果精子數量少，活動能力下降或其他異常情況，則需要重複檢查，可能需要多次。如果我們檢測到持續的異常，並不意味著我們不能授精：只有當無精子（無精子症，azoospermia）持續存在時，才會診斷為不孕症。

導致受精困難的原因可能是多種多樣的，但是其中最常見的是使用某些藥物、類固醇或其他荷爾蒙、濫用藥物和酒精、接觸輻射、染色體異常、荷爾蒙問題、預先存在的腮腺炎（Parotitis）（譯註：俗稱「豬頭皮」，指一個或兩個腮腺〔人類臉頰兩旁的主要唾腺〕發炎的疾病）、血鐵質沉積症（hemochromatosis）（譯註：又稱「血色素沉著症」、「血鐵沉積症」或「血色病」，是指體內鐵的過度累積）或鐵在機體內逐漸累積（大約 80% 的男性病人報告睪丸功能障礙）、預先存在的睪丸或陰莖創傷、不完全下降的睪丸和精索靜脈曲張。

精索靜脈曲張是最常見的原因，因為睪丸溫度升高和靜脈曲

張對血流的干擾使精子不能很好地產生。這種情況一般透過手術解決，與腿部靜脈曲張的情況非常相似。這並不能保證問題的完全解決，但是加上透過實驗室監測精子的數量和活動能力，可以說是一個進步。

精子中最常見的染色體異常之一是**柯林菲特氏症**（Klinefelter's Syndrome）（譯註：是一種性染色體異常疾病，稱為先天性睪丸發育不全症候群，又稱「原發性小睪丸症」，這是很常見造成男性性機能低下的原因之一，在出生男嬰中的發生率約為千分之一），每700個男人中就有1個受到影響。這些人的不孕不育是由於纖維組織的發展和睪丸的增厚，如果在年輕時發現，是可以治療的，然而只有四分之一的病例被診斷出來。

最常見的警告訊號出現在青春期，這時候的陰莖已經發育完成，但是睪丸仍然相對較小。如果我們觀察到身材高大，上肢比正常人長，有些人有男性女乳症（gynecomastia），或乳腺脂肪（mammary fat）增加；還有，臉部沒有毛髮，身體下半部有脂肪堆積的傾向，如雌性荷爾蒙增加的男性（gynoid males，簡而言之，指有「梨形」外觀的傾向），我們也能注意到。

對這種柯林菲特氏症沒有絕對的治療方法，但是你可以透過注射睪固酮（testosterone）來幫助第二性徵的發展。就評估生育能力而言，像往常一樣，有必要去一個專門的中心。某些人需要提供精子樣本，並且對睪丸的青春期精原細胞（spermatogonia）進行冷凍保存（cryo-preservation），如果你願意，以便在將來可以進行體外

受精，儘管結果並不保證。

　　至於外部因素，一方面，我們生活的醫療和衛生條件的改善，也消除了一長串的病症和生殖系統的風險因素；另一方面，我們沉浸在一個用物質轟炸我們的環境中，危及我們精子的活力。特別是在城市裡，我們呼吸的空氣，是一個幾乎老掉牙的例子，但是我們吃的東西也很重要。如果說近年來 DDT 殺蟲劑和化學添加劑已經有了明顯的退步，那麼我們繼續在我們的盤子裡發現殺蟲劑和微塑膠，其程度令人擔憂。不幸的是，鄰苯二甲酸酯類塑化劑（phthalates）—— 包裝中的塑膠化合物 —— 與殺蟲劑和女性荷爾蒙一起，對男人的荷爾蒙平衡產生負面的影響，刺激強烈的抗男性荷爾蒙（anti-androgenic）後果。

　　懷孕的困難不僅取決於臨床或心理原因，而且還取決於環境和營養因素。一項研究證實了這一點，該研究將二十年前的精子圖解和今天的精子圖解進行了比較：總體而言，精子的數量似乎有所減少。

　　如果這些精子的數量仍然很低或根本就不夠活躍，在做了所有適當的遺傳、行為和病理分析後，我們的精液可以透過**人工授精、體外受精**（In vitro fertilization，IVF）（譯註：又稱「試管嬰兒」，將卵子與精子取出，在體外結合受精，之後培養成胚胎，再將胚胎植回母體內）或**單一精蟲顯微注射**（Intra-Cytoplasmic Sperm Injection，ICSI）（譯註：又稱「胞漿精子注射」，直接將精子準確的注射進卵母細胞以提高受精機率）等技術進行輔助。ICSI 包

括在使用麻醉劑後，透過向容器中射精或用針從睪丸內抽吸獲得精子樣本。當把精子從睪丸帶到陰莖的複雜液壓系統中出現障礙問題時，就可以採取這種方法。然後將樣本直接注射到從婦女體內取出的卵子中，受精後植入她的子宮內。該手術的成功率約為 30%。

用從精子捐獻（sperm donated）的精子進行人工授精也是一種可能性。在義大利，這樣的銀行很少，而且只對異性夫婦開放。如果你選擇了這個方向，就需要進行細緻的諮詢，並且與你的伴侶進行充分的討論，因為所懷的孩子將有一個不同的生父，即使是未知的。這樣，孩子就有權利知道他們的遺傳史。

對於試管嬰兒和單一精蟲顯微注射來說，有必要接受這樣一個事實：胚胎的成功植入並不能確保成功懷孕。就像自然懷孕一樣，也可能出現流產，因此有必要牢記這種無果的努力所帶來的心理影響。許多夫婦在第一次流產後，決定不再嘗試第二次，而選擇收養或寄養，這同樣是有效的途徑，但是也有自己的一系列障礙。

性傳播的病症

在成年後，我們也需要把注意力集中在**性傳播疾病**上。我們在關於青少年的章節中討論過它們，但是我們在這裡再次討論，因為它們在成年人中也出現得很頻繁，特別是由於錯誤的資訊。一個不正確使用保險套的青少年會成為一個疏忽大意的成年人。事實上，性遊牧（sexual nomadism）的現象在這一時期也許更加強烈，所以

關於使用保險套重要性的建議是必須的。

對於預防措施的關注度較低 —— 在上世紀末由愛滋病引起的巨大恐懼以後很明顯 —— 在目前的情況下和後新冠肺炎流行時代可能會得到扭轉。我們已經習慣了手套和口罩對病毒有用的想法，因此使用保險套也可能更自然。這將是一個積極的發展，由於來自非洲和南美的大量移民湧入，直到不久前似乎已經在歐洲根除的一系列病症正在重新出現 —— **梅毒**（syphilis）、**淋球菌感染**（gonococcal infection）、**披衣菌**（chlamydia）、**淋病**（gonorrhea）。它們常常以**尿道炎**（urethritis）的形式出現，或在排尿時出現燒灼感，在某些情況下還伴隨著陰莖上出現的膿性物質：在這種情形下，應立即去看專家。治療需要透過抗生素、抗病毒藥物或抗真菌藥物來治療病因，這取決於感染的類型。

幸運的是，近年來，診斷技術有了進一步的發展，以至於今天我們可以識別過去被認為是簡單發炎的東西。但是這個年齡段的性病病例仍然相當多。

非性傳播的病症

包莖

我們提到**包莖** —— 已經討論過兒童和青少年的情況 —— 因為它實際上可以在生命的任何階段出現，而且在成年人中呈現出

一種特殊的特徵。當包皮萎縮突然出現在成年男性身上時，只有三種可能的原因：糖尿病（diabetes）、硬化萎縮性苔蘚（Lichen Sclerosus）（譯註：是一種良性、慢性、進展性的皮膚疾病，以顯著的發炎、上皮變薄，及特殊的真皮變化為特徵。病人常會合併癢或疼痛的症狀）、龜頭炎（balanitis）。

一個從出生起就患有**糖尿病**的病人，或者已經發展為第 II 型糖尿病 —— 可能會在一段時間內出現包莖。在這種情況下，陰莖閉合只是一種更普遍情況的標誌，必須透過檢查和特別療法來解決。

成年男性的**硬化萎縮性苔蘚**很容易識別，因為包皮呈現出特定的顏色和形態，以白色部分為主。這是一種非傳染性的皮膚病，其起源並不十分清楚。最近的理論指出是遺傳因素、荷爾蒙失調或免疫系統功能障礙。

覆蓋患處的斑點最初是有光澤的、平坦的，然後傾向於乾涸和破裂，留下瘀斑和疤痕。它們的出現與其他症狀有關，包括受影響區域的搔癢、疼痛、水泡（blisters）或出血。由於病因不明，治療以可的松乳膏（法文 Cortisone creams）為主。更嚴重的病例可能需要透過手術切除病灶。

勃起功能障礙

在這個階段出現的還有**勃起功能障礙**（erectile dysfunction，又稱「陽痿」）和早洩（premature ejaculation，又稱「早發性射精」），

這是迄今為止我看診生涯中談論最多的話題。

　　讓我們先揭穿陰莖突然停止運作的神話。勃起功能障礙值得進行更澈底的討論。首先，它是一種症狀，如果它只是偶爾出現，那就不必驚慌。

　　當我向學生解釋時，我首先把它與咳嗽作比較。

　　咳嗽是一種症狀。如果它只發生一次，在早晨，它可能不意味著什麼；如果它持續幾天，最好去看你的家庭醫生，以確保它不是支氣管炎。如果在溫和的治療後仍然持續，則要進行進一步的 RT 射線檢測（Radiographic Testing）（譯註：是一種非破壞性檢測技術），這可能導致嚴重的診斷，例如肺炎（pneumonia），或者在極端情況下，肺癌（lung cancer）或胸膜間皮癌（pleural cancer）。

　　勃起功能障礙也是如此：如果症狀持續存在，醫學專家應該進行干預，以達到明確的診斷。

　　做進一步的檢查是一個好主意，部分原因是它們可以導致超越性行為的診斷，從而引發我們生活的其他方面。

　　男人們很難談論與他們的親密領域有關的情況，無論這些情況是情感的還是身體的。即使在他們自己的腦海裡也是如此：他們寧願把事情解釋為疲勞或一個不愉快的夜晚。相信我，在專家的辦公室裡也是如此。他們平均需要三年的時間才能達到完全的認識。

　　首先，清楚勃起功能障礙在科學上的含義是很好的。正如我們

已經看到的，陰莖的正常勃起是由各種刺激引起的。無論什麼刺激我們，其機制都是一樣的。我們的大腦透過不自主的神經系統採取行動，引發了流向陰莖的血液改變。陰莖海綿體的組織放鬆，讓血液充滿其中，導致陰莖增大、伸直和翹起。

經典的比喻是海綿體充滿了水。在這個神奇的電路被打斷或達到射精的高潮以前，陰莖仍然勃起。但是，許多事情可以干擾。隨著年齡的增長，維持勃起的能力減弱是自然的。如果在 20 歲時我們已經準備好整夜做愛，那麼在 40 歲時事情就會變得有點複雜。

我們很快就會看到的各種身體病症，可以與心理因素相結合。很多時候，一、兩個「不中用的東西」就足以讓我們受到懷疑和巨大的表現焦慮的攻擊。因此，我們發現自己處於壓力和擔憂的漩渦中，這是性寧靜的主要敵人。

現在，對於那些目睹陰莖「洩氣」的性伴侶來說：你該怎麼做？只有幾條規則：不要笑，永遠不要笑；不要試圖拿這件事開玩笑，甚至不要只是淡化它；不要覺得有責任。不過，有必要談一談，冷靜一下，試著幻想一下下一次機會。馬上再次嘗試可能不是一個好主意。

與包莖一樣，勃起功能障礙可能掩蓋了更嚴重的病症，在進行有針對性的治療以前，最好先排除這些病症。

讓我們來看看其中的一些情況。

內分泌病症（Endocrine pathologies），與荷爾蒙改變有關的疾病，例如性腺功能低下症（Hypogonadism），當一個男人的睪固酮

157

分泌率開始低於標準門檻時就會發生。

關於腹部或盆腔區域手術的後果，在這些區域進行的手術可能會損害調節勃起機制的神經；有時候這些神經被意外切斷，或出於臨床原因，例如攝護腺癌（prostate cancer）手術的情況。

有關心肺循環系統（cardio-circulatory system）**的改變方面**。例如心臟病發作、肺動脈高血壓（pulmonary artery hypertension，PAH）、血凝塊或血栓會改變整個調節勃起的機制功能。還要考慮到，服用治療高血壓的藥物會產生副作用。

臨床研究還顯示，勃起功能障礙可能在心肺循環問題（一般是心臟病發作）之前不久出現。這是因為陰莖是由比心臟小的多條血管組成的，而且由於心臟病發作只是血管阻塞，這種阻塞常常首先出現在陰莖上。

服用非類固醇消炎止痛藥（NSAIDs）**方面**（譯註：藉以退燒、鎮痛或緩解關節炎，是一般人非常普遍的自我照護方法）。非類固醇消炎止痛藥，通常是用來對抗發燒、疼痛和發炎（以布洛芬〔Iuprofen〕、萘普生〔Nproxen〕、阿斯匹靈〔Acetylsalicylic Acid，乙醯水楊酸〕和酮洛芬〔Ketoprofen〕是最為普遍的）。對於一些男性來說，經常服用這些藥物會使勃起功能障礙的可能性增加 1.4 倍。

糖尿病方面。至少有一半受糖尿病影響的病人會出現勃起功能不全。這取決於糖尿病對某些組織造成的損害，包括在動脈和神經層面。血液中過多的葡萄糖損害了陰莖的微血管結構，與血管壁和

組織的結構蛋白結合在一起，使它們的彈性降低，更不願意擴張以允許勃起所需的血液流入。

由於勃起功能障礙的原因如此之多，遵循診斷方案是至關重要的。這從澈底的病史開始 —— 收集病人所經歷的個人歷史資料。為此，我們使用**國際勃起性功能指數——IIEF 5**（International Index of Erectile Function），簡單而具體地評估過去 6 個月的勃起功能。

每個問題包含 5 個可能的答案，得分從 0 到 5 分。只選擇並圈出其中一個：答案 0 意味著完全沒有性活動。分數愈低，問題就愈嚴重。

在開始之前，請記住，我們所說的「性活動」是指做愛、觸摸、前戲和自慰，「做愛」是指插入，而「性刺激」是指與伴侶進行前戲、看色情圖片等情況。「射精」是指從陰莖中排出精子（或這樣做的感覺）。

1）在過去六個月中，你如何評價你達到和維持勃起的能力？
　　0- 基本上不存在
　　1- 非常低
　　2- 低
　　3- 中等
　　4- 高
　　5- 非常高

2）在過去六個月中，經過性刺激後，你有多久時間達到足以插入的勃起狀態？

0- 沒有性活動

1- 幾乎沒有或從來沒有

2- 不太常（遠遠少於一半的時間）

3- 有時候（大約一半的時間）

4- 大部分時間（遠遠超過一半的時間）

5- 幾乎總是或總是

3）在過去六個月中，在做愛過程中，你在插入後能夠保持勃起的頻率是多少？

0- 我沒有嘗試做愛

1- 幾乎從不或從不

2- 不是很常（遠低於一半的時間）

3- 有時候（大約一半時間）

4- 大部分時間（遠遠超過一半的時間）

5- 幾乎總是或總是

4）在過去六個月中，在做愛過程中，維持勃起直到做愛結束有多困難？

0- 我沒有嘗試進行做愛

1- 極其困難

2- 非常困難

3- 困難

4- 比較容易

5- 容易

5）在過去六個月中，在做愛過程中，你有多久時間感到過快感？

0- 我沒有嘗試過做愛

1- 幾乎沒有或從來沒有

2- 不是很常（遠遠少於一半的時間）

3- 有時候（大約一半的時間）

4- 大部分時間（超過一半的時間）

5- 幾乎總是或總是

統計你的分數

嚴重的勃起功能障礙：從 5 到 7 分

中度勃起功能障礙：從 8 到 11 分

輕度至中度勃起功能障礙：從 12 到 16 分

輕度勃起功能障礙：17 至 21 分

無勃起功能障礙：22 至 25 分

下一步是進行臨床儀器檢查（clinical-instrumental tests），特別是測量血糖（blood sugar）、膽固醇（cholesterol）和三酸甘油脂

（triglycerides）血液性質的檢查。然後再進行二級診斷，包括彩色都卜勒心臟超音波檢查（echo-color-Doppler，ECD）。

　　經過仔細挑選的病例可以求助於「陰莖膨脹硬度儀」（RigiScan），這個設備可以分析出問題的根源是否有生理因素的存在。它記錄了無意識的夜間勃起：如果發生了，系統就正常運作；如果沒有，就需要進一步調查。

榮譽問題

佛羅倫斯被分為四個歷史區，每個區都有一個特定的顏色。每年6月24日，也就是這個城市慶祝其守護神施洗約翰的日子，聖克羅齊廣場（Piazza Santa Croce）就會變成一個歷史性的佛羅倫斯足球場。四支球隊，代表每一區，互相對決，按照傳統，紀念1530年2月17日的第一場比賽，在查理五世（Charles V）的西班牙軍隊圍攻城市時進行。

馬可（Marco）今年33歲，單身。他是一個任何人都會定義為「英俊」的男人。在佛羅倫斯，每個人都知道他，因為他是資深的足球運動員；他所有的朋友都認為他是花花公子，一個從不缺乏與女人上床機會的人。然而，六個月以來，他一直無法勃起，使他能夠以令人滿意的方式完成性交。

比賽結束後的幾天，我在佛羅倫斯市中心的辦公室看到了他。儘管我認出了他，但是為了避免讓他尷尬，我假裝沒有認出他。他告訴我，他的生活已經支離破碎：以前他每天晚上都會和不同的女孩出去玩，而現在他關在家裡，只有Netflix陪伴他。這一切都始於遇到一個比他年輕得多的美國女孩。用他的話說，他和她度過的那個夜晚是悲劇性的。

「醫生，我的小弟弟『barzotto』了（非佛羅倫斯人請注意："barzotto"是佛羅倫斯用語，一種相當不科學的表達方式，指的是

陰莖只有一部分勃起的情況），它不能再進一步了。我很擔心，不過沒有過度焦慮，因為，每個人都會有這種情況。但是幾天後，我又和一個漂亮的瑞典女孩試了試——你知道，佛羅倫斯對伊拉斯謨學生來說（Erasmus students，Erasmus，EuRopean Community Action Scheme for the Mobility of University Students縮寫）（譯註：有關大學生流動性的歐洲社區活動計畫）是一個非常受歡迎的目的地……如果你想知道為什麼我更喜歡外國人而不是義大利女孩，那是因為如果有人說閒話，我就毀了。我的名聲勝於一切！」

馬可沒有服用任何藥物，他不抽菸也不吸毒，吃飯時喝紅酒，偶爾也喝一些烈酒。檢查並沒有顯示出任何異常：他確實告訴我，最近，在訓練課後，他感覺很奇怪，非常疲憊；但隨後他又糾正自己——訓練課要求很高，從所有方面考慮，這很正常。

我想知道是否有一個心理問題是馬可沒有提到的。我讓他放心，並開出了一系列血液檢查，然後決定採用一種治療方法，由於這種療法，我告訴他：「一切都會恢復正常。」

幾天後，馬可給我發一封簡訊說，測試結果顯示出一個異常值，上面標有星號。我告訴他把它們寄給我或到辦公室來。

不到20分鐘後，他走了進來。他的基礎血糖值（blood sugar level）是225毫克／分升，而正常值應該在60至110之間：這樣的數字，診斷顯然是糖尿病。馬可很受打擊。他脫口而出的第一句話是：「我將不能再玩了嗎？」

我請他放心，解釋說「糖尿病」是可以治療的，他可以繼續從

事體育活動；事實上，體育活動會真正幫助他。不過最重要的是，我告訴他要看到好的一面：他那些「悲慘」的夜晚使他發現了一種病症，否則這種病症會長期隱藏起來，只是會表現得非常嚴重。

現在馬可正在一家糖尿病中心接受治療，他的血糖值得到了控制，他的性生活也恢復了正常，而且他所擔心的「榮譽」也完好無損。

診斷階段結束後，我們將進入解決勃起功能障礙的治療路徑。最適合的解決方案因人而異，因為它與個人的習慣和願望有關。通常情況下，只需解釋需要糾正一系列有關抽菸、酗酒、吸毒或久坐的錯誤習慣。隨後，我們可以採用「第一線」治療方案，包括口服或尿道內的藥物。

另一方面，第二線療法包括注射或使用設備，而手術是最後的手段或用於最嚴重的情況。

勃起功能障礙的第一線治療：口服或尿道內藥物

在這個層面上，我們用易於服用的藥物進行干預，這樣的藥物有口溶錠或在舌頭上溶解的膜衣錠。這類藥物包括**第 5 型磷酸二脂酶**（inhibitors of phosphodiesterase type-5，PDE5）的抑制劑，這是一種存在於陰莖海綿體肌肉細胞中的酵素（enzyme，酶）。這種藥

物可以放鬆平滑肌，促進血液的流入，從而促進勃起。這種解決方案可能看起來很化學，而且不是很浪漫，但是它的一個優點是，活性藥物成分（active ingredient）（譯註：又稱有效藥物成分，是藥物中具有生物活性的成分）只有在有情慾刺激的情況下才會發揮作用。因此，伴侶對治療的成功至關重要。

有四種藥物適合執行這一任務，它們產生的效果非常不同：西地那非（Sildenafil，或Viagra威而鋼）（譯註：第一個治療男性勃起功能障礙的口服藥物，並不是荷爾蒙也不是春藥，作用在於增加陰莖血管平滑肌的放鬆，而使血流增加而加強陰莖的勃起，但是不會引起體內其他平滑肌的放鬆），誘發效力；伐地那非（Vardenafil，或Levitra樂威壯），誘發速度；他達拉非（Tadalafil，或Cialis犀利士），幫助保持連續性；以及阿伐那非（Avanafil或Spedra賽倍達），增強信心。

這是一個涵蓋廣泛需求的系列。沒有優先順序的尺度；或者更好的是，沒有一個藥物比另一個藥物更正確。在不了解個人習慣的情況下，不可能給出明確的適應症：專家將根據具體情況確定最合適的藥物，這是一種為病人訂製的療法，就像在裁縫店一樣。

要「採取措施」，首先需要調查病人的用藥經驗和他的性關係頻率。事實上，這在很大程度上取決於病人和伴侶的期望，他們並不總是希望必須處理難以控制的勃起，因此可能更喜歡持續時間較短的快速藥物，保持做愛的自然性，並且排除計畫性的需要。

針對勃起功能障礙的藥物一般不會引起不良反應，而且很有

效，但是沒有研究證明哪一種藥物比其他藥物更好，儘管早期人們認為每天使用帶來自發勃起的改善。目前唯一適合每天使用的藥物是他達拉非 5 毫克（Tadalafil 5mg）。

泌尿外科醫生選擇一種或另一種活性藥物成分的因素應該是年齡、性習慣、病人通常做愛的時間、與其他藥物的相互作用以及食物和酒精的消耗。

我想在這裡強調，在勃起功能障礙之外還有性生活，讓我們清楚地知道，這包括自慰（auto-eroticism，手淫）。轉捩點出現在 20 世紀 90 年代末，**威而鋼**（Viagra）的配方，它只是西地那非（Sildenafil）的商業名稱。它在 1998 年 3 月 27 日抵達義大利：我清楚地記得那一天，因為在它問世 10 週年之際，我在一家著名的日報上寫了一篇社論。這種藥物在科學界引起了很大的興趣，而在普通市民中，也許有更大的呼聲。這是一個里程碑，類似於 20 年前婦女避孕藥的情況。

人們認為這種神奇的藥丸可以解決任何問題。製造商把它變成了一種象徵，採用藍色小藥丸作為其標誌，自豪而明確地宣稱自己的創造。有了威而鋼，我們可以在 80% 的情況下重新建立起已失去的性活動。這是一個真正的**轉捩點**，導致後代子孫得出結論，認為性行為與生殖有關的想法被明確地擱置。在文化上，這是一場真正的革命。說實話，今天我們可以說，感謝醫學和外科手術的結合，即使有特別嚴重的身體併發症的男性病人，還是可以擁有令人滿意的，甚至是出色的性生活。

像任何藥物一樣，威而鋼也有副作用，但是它們是有限的。在這種藍色小藥丸上市時，出現了一些反應，它們被媒體廣泛放大，目的是產生焦慮情緒。你會認為它殺死了一個又一個使用者。事實上，死亡人數非常少，不僅是絕對數字，而且與接受治療的病人總數相比也是如此，原因甚至不是藥物，而是年齡和身體狀況。打個比方，讓一個 80 歲的老人，尤其是沒有經過任何訓練的老人去跑 100 公尺短跑是不合理的：如果他在比賽中或比賽後心臟病發作並死亡，你不會說比賽本身是原因。同樣，如果由於威而鋼的作用，一個 80 歲的老人恢復了性活動，也許是在中斷了 10 年或 20 年之後，並以強烈的速度進行性行為，他就會使自己遭受重大的身體壓力，甚至可能是致命的。

　　幸運的是，隨著時間的推移，我們已經找到了如何「校正」治療和行為的方法，今天，甚至心臟科醫生也開出了這些藥物。簡而言之，它們是血管擴張劑（vasodilators），更重要的是，它們的發現完全是出於偶然。研究人員正在尋找比硝基衍生物（nitro derivatives）更好的血管擴張劑 —— 要相當強大的那一種，不過在持續時間方面相當有限 —— 他們意識到，威而鋼誘發的結果是溫和的，病人報告說性活動獲得改善。

　　就像航海家克里斯多夫・哥倫布（Christopher Columbus）在尋找印度群島時登陸美洲一樣，這些現代探險家在不同的方向上航行時發現了藥理上的「黃金王國」（El Dorado，意思為 "The Golden One"，別稱黃金城、黃金鄉，為一個古老傳說）。

　　另一方面，值得單獨討論的是這些藥物的非法銷售所帶來的風險。許多網站提供了在沒有醫療處方箋的情況下購買威而鋼（Viagra）、樂威壯（Levitra）、犀利士（Cialis）等藥物的機會，不過這在義大利是被禁止的，即使這些藥物來自其他國家，也構成了刑事犯罪。此外，這類網站也不能保證你在家裡能得到什麼。幾年前，一個由醫學專家和執法專家組成的調查小組在網站上購買了這些藥物的樣本：有 50% 沒有誠實送達（網路詐欺），而在另外 50% 裡，產品是安慰劑（placebo）（譯註：是一種無害的無活性物質，外觀會依照正在測試的藥物或疫苗外觀設計，但不具有效力，也沒有藥物成分）。從醫學的角度來看，沒有什麼比有害的產品更糟：在許多偽藥中，調查人員發現有硝酸鹽（nitrates）和其他被禁止的有害物質。透過非官方管道購買藥品使購買者面臨經濟損失的高風險，有時候甚至會危及個人的健康。

　　與其他第 5 型磷酸二脂酶的抑制劑（PDE5 抑制劑）一樣，威而鋼不應該在網路上購買，使用前應該與醫生溝通。但是從非法市場的角度來看，人們的看法是有大量的威而鋼在流通，即使不是醫學上需要。不可否認的是，或多或少在各個年齡段，它被用在娛樂上，主要是為了一次性的特殊表現。資料顯示，在 50% 的時間它被用在「只是為了好玩」，意味著每年有數以千萬計的劑量在使用。

　　二十年前，我說服了一群泌尿外科住院醫生參加一項研究，評估 25 至 30 歲沒有勃起功能障礙的男性服用威而鋼的後果。我將這

種藥物與安慰劑一起使用，並且盲目進行，這意味著參與者不知道他們正在服用這兩種藥物中的哪一種。實驗顯示，他們實現的勃起是正常的，改變的僅僅是難受期，或者說一次性交和下一次性交之間的時間間隔。對年輕人來說，這個時間間隔已經很短了，它被完全排除。這個練習也有助於理解，對於 25 ～ 30 歲的男性來說，這種藥物是無用的，而對於 40 ～ 45 歲的男性來說，這種藥物對於打動某人是有用的，但是它並不能保護你免受風險。我們必須永遠記住，任何藥物都需要事先經過醫生的身體檢查和治療指示。

最近出現的另一種藥物是一種**專門用在勃起的前列腺素**（prostaglandin，PG，前列腺又稱攝護腺），存在於動物和人體中的一類不飽和脂肪酸組成的具有多種生理作用的活性物質。它是作為一種單劑量的液體藥物，在必要時插入尿道，透過擴張幾條血管來放鬆陰莖的某些肌肉。

有循環系統問題的病人也可以考慮使用**體外震波**（shock waves）（譯註：又稱衝擊波，一種高能量的聲波，可以促進組織的代謝、循環、修復、再生），類似於用來擊碎腎結石（kidney stones）的高強度震波治療。在這種情況下，其機制包括使用低強度的震波來刺激血管生成（angiogenesis），或生成新的血管。

勃起功能障礙的第二線治療：相對侵入性的藥物

如果到目前為止可用的「軍械庫」沒有給出理想的反應，我們就會進入第二線治療方案，由稍具侵略性的療法組成。我們可以使

用病人所說的「注射」，即含有**前列腺素**（prostaglandin，PG）的陰莖注射劑。這種活性藥物成分類似於液體眼藥水中的成分，是基於藥物作為血管擴張劑的強度，其功能獨立於情慾刺激。

　　該操作比服用藥物更複雜，一般來說是痛苦的，而且需要良好的靈活性。遵守劑量和接受專家的訓練也很關鍵，以避免不愉快的後果，從輕微的尷尬到需要立即住院治療，例如當注射導致陰莖異常勃起（priapism）——長時間的勃起使陰莖無法恢復到鬆弛狀態。

　　對於最嚴重的功能障礙，該藥物可以與真空陰莖吸引器（Penis Pump）（譯註：透過抽走管內的空氣，產生拉扯力，刺激陰莖部位細胞增生，從而達到延長的「效果」）結合使用。這是一種真空收縮機，利用吸力形成真空，從而將血液召回到陰莖，有利於勃起。其優點是不需要進行侵入性手術，但其效果不如植入物有效。因此，

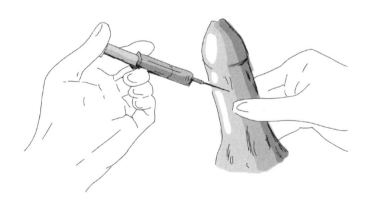

圖 n.20 前列腺素注射液

它更適合於那些有能力自己實現至少部分勃起的男性。還需要一定的準備時間，所以你必須放棄自發性，至少是部分自發性。這種設備也強烈推薦給不能服用藥物的男性，因為它是純機械性質的。

勃起功能障礙的第三線治療：手術選擇

如果第一線和第二線治療方法都不起作用，下一步就是手術。這需要插入一個陰莖植入物，允許「控制」勃起。

我曾經於 18 歲的男孩和 80 歲的老人身上進行過**人工陰莖植入術**（Penile implants）。在所有的可能性中，病人不會注意到任何新的東西。陰莖植入物是由兩個插入陰莖海綿體（corpora cavernosa）

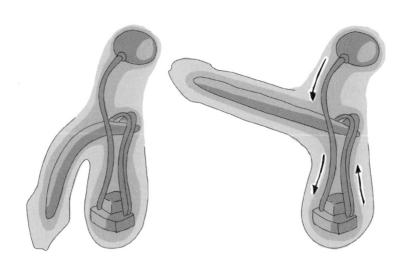

圖 n.21 陰莖植入物

的圓柱體組成的，透過小管子與嵌入到下腹部直腸肌肉下的生理鹽水儲水囊連接。一個泵與該系統相連，位於陰囊的柔軟皮膚下，在睪丸之間。為了給假體充氣，你要按下泵，將生理鹽水從儲水囊轉移到人工陰莖體，給它們充氣並引起勃起。按壓泵底部的放氣閥，液體就會回到儲水囊中，使陰莖恢復到正常的鬆弛狀態。

該假體能使勃起具有自然的外觀。大部分植入假體的男人判斷他們的勃起比正常情況下略短，但陰莖皮膚上的感覺和達到高潮的能力幾乎沒有變化。射精也不會受到負面影響。

插入假體後，不再可能有自發的勃起。如果必須取出植入物，男人就不能再有自然勃起。然而，這不應該是一個問題，因為如果這種手術是必要的，這種能力已經受到影響。

早發性射精（早洩）

我們現在轉到性行為的另一方面。在醫學領域，**早發性射精**（premature ejaculation，PE，又稱「早洩」、「早漏」或「一觸即發」，俗稱「快槍俠」）指的是當做愛的持續時間，由於男人的高潮，持續不到一分鐘。然而，停止的原因必須與無法自願推遲性反應有關：這是一個鑑別因素。大部分男人能夠推遲性高潮，簡單地說，就是「忍耐」一段時間；而那些患有早洩的人則不能。我們不是在談論所謂的「快感」，這對夫妻來說實際上是相當健康的，即使時間很短，也能證明雙方的欲望，特別是當涉及到孩子的時候。官方資料顯示，早洩現象影響了 20% 的年輕男性，不過說實話，我並不這

麼認為。如果有的話，這可能只是針對接受泌尿科檢查的病人而言。在這種情況下，是的，那些去看泌尿科醫生的人中有 20% 是因為早洩的問題。因此，目標不再是總人口的 20%，而是到泌尿外科診所就診的病人的 20%，這當然是一個更真實的情況。

在土耳其進行的精確研究提供了更精確的資料。在健康人群中，早洩似乎只影響 3 ～ 4% 的男性。我個人相信，真正的數量甚至更少。我們經常忘記，人從根本上說是一種動物，具有包括生殖在內的先天本能。追根究柢，所有動物物種都有早洩的問題：獅子與母獅迅速交配，因為它可能被競爭對手或獵人打擾；羚羊或兔子也是如此。在我們的進化歷程中，我們為追求快樂保留了愈來愈多的空間，使我們進一步遠離了僅僅為了生殖目的的性行為的觀點。也許由此產生了早洩是一種疾病的觀點，製藥業肯定要利用這一個機會。但現實卻截然不同。

在臨床上，只有大約 10% 的抱怨早洩的病人患有其他病症，例如甲狀腺機能低下（Hypothyroidism）或攝護腺炎（prostatitis）。其餘 90% 的人沒有基本的病症變化。

根據我的經驗，使用藥物治療焦慮症對推遲射精是有效的。這並不完全是一種治療方法，而是一種幫助病人的嘗試，而病人則應該研究其處境的深層原因，也許可以在治療師的幫助下進行研究。

還能怎樣解決這個問題呢？病人經常告訴我，他們已經練習在性生活中分散自己的注意力：記住古羅馬的七個國王（指羅馬王政時代 7 個國王，是學生要學的一個史實。嘗試記住它需要注意力和

記憶能力），義大利在上屆世界盃上的陣容（指在上屆世界盃足球冠軍賽中為義大利足球隊效力的足球運動員名單，意味著要努力記住一串足球運動員的名字），義大利麵條的配料（指要記住比較常見的東西，透過記憶而知道義大利麵食食譜），或者第二天的工作安排（指要簡單地記住第二天在辦公室裡必做的事情，意味著要集中精力工作）。對於那些患有早洩的人來說，這是不可能的。

與專家進一步研究這個問題前，和伴侶溝通是必要的，花時間交談並嘗試用其他方式讓對方愉悅，而不僅僅是為了插入對方。這很重要，因為性不是一種競爭，互相探索快樂、前戲和自然刺激可以緩解焦慮。

我相信許多問題可以透過對話來解決，提升我們對自己身體的認識，也許還可以透過遵循有根據的傳統建議，例如求助於自慰，即使是成年人，也可能是在遇到我們的伴侶以前。

與病人對話，了解他的需求，是第一個治療步驟：這些是我一直堅持的觀點。在今天的醫學中，我們談到了「以病人為中心」的訪問，或「諮詢」。這是獲取有關他的生活、他的不適及其來源的資訊之基本方法。

研究人員聲稱，專家平均需要 18 秒才能清楚地了解情況；我認為，只要多花 1 分鐘就能達到真正精確的診斷，即使專家們通常說至少需要 20 至 30 分鐘。這是一個主觀的資料：有時候我可能非常快，儘管我在評估病人的經驗方面投入了最大的精力。就性病領域而言 —— 特別是早洩問題 —— 這一點很重要。

如果經過這樣的諮詢，也許結合性心理治療師的諮詢，早洩的問題仍然存在，我們可以看看其他的治療方案：例如，**必利勁膜衣錠**（Dapoxetine）（譯註：Priligy 必利勁是它的商業名稱，治療早洩）。幾年前，我專門為這個話題寫了一篇文章，題目幾乎說明了一切：〈必利勁膜衣錠：滑鐵盧的原因〉（"Dapoxetine: The Reasons for a Waterloo"）。它的效果很好——在 60% 的情況下，做愛時間增加了 2 倍。它也很容易管理，因為它是在做愛前 1 至 3 小時口服的。然而，問題是它會引起相當嚴重的副作用，包括噁心、腹瀉、頭痛、成癮，以及醫學上所說的「退出效應（drop-out effect）」，或治療結束時的負面效應。

另一方面，在使用之前，某些精神藥物在射精前及時誘發的副作用被利用了。其中包括了**選擇性血清素再攝取抑制劑**抗憂鬱藥（Selective Serotonin Reuptake Inhibitor, SSRI）或**可必安膜衣錠**（clomipramines）（譯註：常見商品名 Anafranil，為一種三環類抗憂鬱藥（TCA），治療強迫症、恐慌症、重性憂鬱障礙、慢性疼痛），這些藥物今天繼續在藥品仿單標示外使用（off-label regime）（譯註：在藥品包裝內，都會有使用說明書，叫做「藥品仿單」。仿單上寫的內容都會是經過衛生主管機關的評估及確認後，刊載有關藥品的療效和安全性資料。「藥品仿單」標示外使用的意思是，醫生使用此藥品，並未完全遵照「藥品仿單」的指示說明內容。例如使用藥品未依仿單所載之「適應症」、「劑量」、「患者群」、「給藥途徑」或「劑型」等，在臨床上並不少見，

主因是「藥品仿單」是載的內容，通常都是非常保守，有時候會變得過於限縮，但是醫生根據學理、國內外文獻、治療經驗，認為以「藥品仿單標示外使用」的方式使用，對於病人有比較大的好處，就可以在一定的限制範圍內使用），這意味著在包裝說明中沒有明確提到治療效果。然而，由於這類藥物誘發自我傷害，甚至自殺的風險 —— 非常低，不過仍然存在 —— 因此需要非常謹慎使用。

還有局部麻醉劑，包括**利多卡因**（lidocaine）和**丙胺卡因**（prilocaine）（譯註：兩者皆是酰胺類局部麻醉藥）的特定化合物，以噴霧形式分發，在做愛前五分鐘使用。它將射精前的時間平均延長了 6 倍，並且減少了包括生殖器麻醉在內的副作用，有 4.5% 的男性和 1% 的伴侶經歷過這種情況。

最後，你可以求助於幾種方法，類似於繃帶，貼在會陰部（perineum）。透過電脈衝（electrical impulses），它們可以改善射精時間，並可能很快成為解決這種令人不快的異常現象的一個簡單方法。

工程師不是泌尿科醫生

這是一個關於法布里奇奧（Fabrizio）的短篇故事，他是一名30歲的工程師，擁有精采的大學生涯，一份收入豐厚的工作，並對DIY充滿熱情。他診斷自己患有「早洩」，他的伴侶中沒有一個人抱怨過這個問題：無論是他年輕時和他做愛的幾個女人，還是他現在看到的那些男人。

在對這個話題進行了一些研究後，他在谷歌上發現，多年來人們認為早洩可以透過包皮環切術來解決。其理由如下：切除包皮會導致與之相連的神經末梢喪失，並且導致龜頭乾燥，降低敏感度，從而延長做愛的時間。

今天，每個人都知道事實並非如此。

首先，適當的外科包皮環切術不會造成任何傷害；其次，最近對數千個案例進行的研究已經澈底證明，包皮環切術不會影響射精時間。割過包皮的男性患早洩的機率並不高，也不會在做愛時感到更多或更少的快感——或疼痛。但是法布里奇奧說服了自己，部分原因是他認為自己充足的包皮在某種程度上對功能障礙負有責任，於是他著手建造一個手工製作的包皮環切器械。他不好意思向醫療診所求助，而且他認為自己徒勞的動機不值得花錢去看專家。此外，他相信自己的手工技術。

我們在他努力製作包皮環切器械僅48小時後就相遇了。

「尼古拉，你需要立即到急診室來，」我的同事露西雅（Lucia）在電話裡說。「我們有一個龜頭壞死的傢伙。我從來沒有見過這樣的事情！準備好，你不會相信自己的眼睛！」

我穿好衣服，還在半夢半醒之間，就去了醫院。在與工程師交談後，我發現了他的計畫，儘管情況相當平靜：「我想，透過國家衛生服務機構，我必須等待幾個月，而當這一時刻終於到來時，我會因為我想進行割除包皮的原因而受到嘲弄。」

「這是？」

「它可以延長我的勃起時間。另一方面，私下看專家，則需要太多的錢。」我盯著他，無言。

在恢復理智後，我解釋說，包皮環切術和解決早洩問題之間沒有任何醫學上的關聯。我讓他準確地告訴我他對自己的陰莖做了什麼。正如露西雅警告我的那樣，我無法相信自己的眼睛。「我拿起一個水瓶的蓋子，把平坦的部分打孔，只保留外環。我放下包皮，插入這個環，然後把皮膚拉回來。我等了48個小時，本來應該是壞死的，會讓多餘的部分脫離。但是這並沒有發生，所以我現在在這裡。」

我猜想，他至少沒有考慮到這種手術必須由專家的手，在無菌的環境中完成。

「我們需要直接去手術室。」

如果沒有及時發現，這種程度的壞死可能需要部分或甚至全部截斷陰莖。幸運的是，我們能夠切除現在受損的部分，然後部分

地重建包皮。

　　從麻醉中醒來後，法布里奇奧感謝我們。一個月後，他的陰莖可以恢復正常外觀。

　　幾個小時後，在我的檢查巡視中，我把頭伸進他的房間。

　　「先生，給你一個建議：在生活中，永遠記住『有時候你買一個很貴的東西，但是它可以用很久，那就比你自己DIY可能無效還要值得！』（意指當我們想省錢，但廉價的解決方案卻造成問題，使得我們必須花更多的錢去解決）還有，當你有空的時，請到我的診所來看看我，我們會對你的射精做一個認真的評估。」

　　還有一些與射精有關的問題，值得仔細研究。

　　例如，**延遲射精**（Delayed ejaculation）。這是一種醫療或心理狀況，當你感覺不到射精的需要或在很長時間後才感覺到射精，看醫生可以確定原因和臨時解決方案。在醫學原因中，我們有抗憂鬱藥物、高血壓藥物或抗精神病藥物、不完全性脊髓病變（incomplete spinal lesions）或與攝護腺有關的病變。目前，我們並不擁有一種經過批准的、特別適用的藥物。根據經驗，我給出的一個通用建議是減少自慰，看看病情是否會改善。

　　我們也有**逆行性射精**（retrograde ejaculation）。在這種情況下，病人達到了高潮，但是沒有射精，因為精子最終進入了膀胱。這是

一種微妙的情況，可以掩蓋糖尿病的發病，也可以是某些涉及生殖器部位手術的後果，例如治療良性攝護腺肥大的手術。有時候會發生這樣的情況：泌尿外科醫生在手術前階段忘記告知病人這令人不快的後續情況，從而使病人在手術後階段的挫折感和不適感全部出現。不過，這種情況也可能有一個藥理學的起因。例如，它可能是由用於控制攝護腺炎症狀的阿法利特（alphalitics）藥物引起的。透過確定準確的原因，並採取相關的糾正措施，問題很快就會得到解決。如果不是，它甚至可能成為永久性的。

在**射精疼痛**（painful ejaculation）中，你在射精後感到的燒灼感是在陰莖、陰囊和會陰部之間的局部。原因有很多，首先是特發性的——那些起源不明確的——以及攝護腺、睪丸和尿道之間區域的感染。治療方法包括特定的藥物或放射治療。如果該症狀不在射精時出現，也應考慮心理因素。

然後是**不射精症**（anejaculation）（譯註：逆行性射精是不射精症之一），或完全不射精的情況，既不在外部也不在膀胱內，甚至在你達到高潮時也不射精。它通常發生在因癌症而接受攝護腺和精囊（seminal vesicles）切除手術的病人身上。一般來說，這個問題與外科手術、藥物治療或泌尿生殖器區域的綜合症有關。當然不應該低估它，請選擇合適的專家去諮詢。

正如希臘語法字母 α 或母音前的 an-（alpha privative）（譯註：作為否定或私有的首碼使用）所教導的那樣，另一方面，**性高潮障礙**（anorgasmia）是指沒有性高潮，通常與沒有射精有關，但是在

有射精的情況下也會經歷。它絕不應該與不育症或勃起功能障礙相混淆：它可能是先天性的——從出生就存在——或者在生活中突然出現，由於睪固酮的下降或使用精神或非法藥物，甚至有心理性質的起源。

最後，我們有**血精症**（hematospermia）：精液中存有血跡的情況。其原因一般可以確定為生殖器的感染——例如攝護腺——或某些抗血小（antiplatelet，或抗凝血）藥物，但是也不能排除腫瘤形式的可能性——即使很罕見。

我的建議是進行緊急預約，以澄清事情的真實情況。

佩洛尼氏症

讓我們回到年齡／健康狀況這兩個問題上。我們現在知道，對陰莖健康有影響的疾病可能出現在任何年齡段，但是成年後確實涵蓋了個人生命的很長一段時間，所以從統計學上看，特定的病症經常出現在這個時期。

佩洛尼氏症（Peyronie's disease）的名字來自於佩洛尼先生（Monsieur La Peyronie），他是一位在路易十五（Louis XV）宮廷服務的法國醫生，因為他患有此病而對其進行了詳細的描述。它被認為是罕見的，即使事實上它並不罕見，因為它影響了 5 ～ 7% 的50 歲以上男性，在某些情況下幾乎達到 10%。

在文獻中，它被描述為從三個症狀開始：陰莖彎曲（penile curvatur）、疼痛（有時候很強烈）、勃起問題。第一個真正的早

期症狀是陰莖疼痛（penile pain），它在勃起時成倍增加。這是由存在於陰莖上的一種斑塊引起的，病人在幾天甚至幾個月內都沒有注意到它的存在。這時候出現的可能是一種畸形，在這種情況下是一種彎曲（病人通常稱之為「歪斜」），角度從 10 度到 90 度或更大。在某些情況下，它甚至可以出現周長的收縮，使陰莖呈沙漏狀。隨著時間的推移，它還會導致相當明顯的陰莖縮短。如果有其他併發病症——糖尿病、高血壓或心理性疾病，也會出現勃起問題。

該病包括兩個階段：第一個階段被定義為「活動期」，具有發炎性質。它的平均間隔時時間大約為 9 至 12 個月，在某些情況下增加到 18 個月。然後是穩定期，即慢性期或纖維化期以前的暫停期。病因至今仍不清楚。

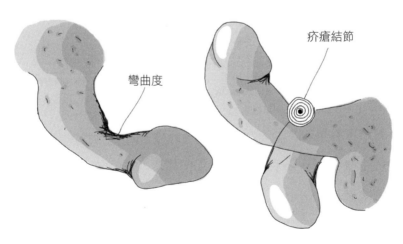

彎曲度

疥瘡結節

圖 n.22 佩洛尼氏症

直到最近，人們還認為這種疾病可能是由反覆的微創傷引發的，但今天，遺傳假說（genetic hypothesis）已經得到了支持，有資料顯示，30% 病人的父親或兄弟也患有這種疾病。我贊成這種解釋路線，因為在我的臨床經驗中，我曾治療過受此病影響 15 歲且從未有過性經驗的病人。

　　診斷非常簡單，通過對陰莖的簡單檢查就可以做出。專家很快就能識別「卵石」，類似於斑塊，在陰莖內部形成，但是為了確定，彩色都卜勒超音波是有用的。事實上，超音波檢查可以突顯陰莖的組織形態（morphology）和血管新生（vascularization）（譯註：是人體一種正常的生理現象。當組織中需要血管時，有一些促使血管新生的因子的分泌量會增加，以造就新血管的生長機會），以及了解我們是否處於活動期或穩定期。在第一種情況下，病人將面臨幾個月的時間，他會看到情況惡化；在第二種情況下，他會知道最大的損害已經完成。最多，他可能會看到陰莖的進一步縮短。

　　直到幾年前，我們對佩洛尼氏症了解不多 —— 我甚至可以說，我們幾乎一無所知 —— 我們求助於舒緩治療（palliative treatments，又稱「姑息治療」、「安寧治療」），等待它的發展。即使在今天，為了穩定病人的病情，也會開出補充劑和運動。幸運的是，事情已經發生了變化。

　　首先在美國，然後在歐洲，分別在 2013 年和 2015 年，出現了一種溶組織梭菌膠原酶（Clostridium Histolyticum collagenase）的標靶藥物，這是一種酵素（enzyme，又稱「酶」），當插入已形成

的陰莖斑塊時，能夠攻擊它，換句話說是「吃掉」它。隨著時間的推移，斑塊不會消失，而是會瓦解，疾病就會停止。如果治療迅速，甚至可以治癒，特別是在損害不嚴重的情況下，大體上彎曲度可以改善 20 ～ 30 度。

關於這種藥物，流傳著大量的假消息，其中之一是說它會導致陰莖折斷（penile rupture）。這種情況在全世界只發生過五例。至於我親自治療的病例，只有兩例：第一例是在治療三週後，第二例是在緊接著的幾天內，是由於沒有遵守治療的配套規則，包括運動造成的。

談到佩洛尼氏症，我一直是個先驅者，因為我是義大利第一個使用這種膠原酶藥物的人。今天，我已經治療了超過 1,000 名病人，是世界上治療臨床病例最多的人。80% 接受藥物治療的病人說，他們在治療結束後感到滿意。這是一個真正令人鼓舞的結果，部分原因是這種病症嚴重影響了病人的能力，甚至不允許發生性關係。事實上，我認為這更像是一種夫妻之間的疾病，而不是個人的，因為伴侶也是它的受害者。

80% 的治癒率應該被認為是一個很好的結果。對於另外 20% 的人，仍然可以考慮進行手術解決。要決定的話，首先你應該問自己是否有能力進行性活動。如果答案是肯定的，你可以決定讓事情保持原狀。反之亦然，如果病理是如此無能，以至於無法進行性活動，你可以決定選擇手術。然而，在最後一種情況下，會出現一個問題。無論採用哪種技術解決方案，都要付出修改陰莖的代價。

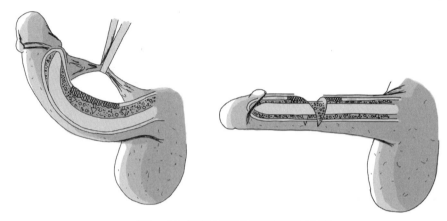

圖 n.23 佩洛尼氏症斑塊切除手術

　　透過簡單的手術，即從長側來操作，有可能將其拉直，但是不可避免地會縮短 1 至 2 公分。然而，如果你從短側提取斑塊，陰莖就會被拉直，並且插入一種貼片（patch），由人體材料（human material，靜脈或其他組織）或異源的、合成的或來自牛的樣本。在這種情況下，海綿體的一部分也被清除了，勃起機制被破壞。因此，這種方法的風險是產生勃起功能障礙（generating impotence，又稱「陽痿」），這必須透過進一步的手術來解決，以安置陰莖植入物。

陰莖縮短

　　不僅佩洛尼氏症可以使陰莖縮短，而且在切除攝護腺腫瘤的情況下，根除性攝護腺切除手術（radical prostatectomy）也可以使陰

莖縮短。這種現象也可能發生在有代謝疾病的情況下。在這種情況下，男子的睪固酮下降，脂肪量增加，陰莖被納入其中。

如果沒有明顯的修飾，只有疼痛，那可能是靜脈炎（phlebitis）—— 陰莖表面靜脈的一種發炎狀態。從技術上講，這是**陰莖蒙德茲病**（Penile Mondor's Disease）（譯註：是陰莖背淺靜脈的血栓性靜脈炎），類似於女性的靜脈曲張（varicose veins）（譯註：俗稱「浮腳筋」，因長時間維持相同姿勢，造成血液蓄積下肢，破壞靜脈瓣膜而產生靜脈壓過高，造成靜脈曲張）狀況。

它的出現可能是由「過度使用陰莖」或「過度自慰」決定的。治療方法很簡單，包括性靜止（sexual repose）：幾天後出現解決辦法，儘管疼痛感可能持續幾個月。

另一個原因可能導致我們發現陰莖微創傷，但是疼痛在幾小時內就會自行消失。它也可能是**尿道炎**（urethritis），或尿道內的感染或炎症。這裡的疼痛幾乎只在排尿時出現，用抗生素治療。最後，還有一些原因不明的病例，根據具體情況而定坦率地說，其原因和動態是完全未知的，並且一直如此。幸運的是，在所有這些情況下，疼痛都會以它出現的同樣方式停止。

攝護腺炎

正如我們在專門介紹保養的章節中所觀察到的，在 30 ～ 40 歲的男性中，泌尿生殖系統中最危險的器官之一當然是**攝護腺**。因此，讓我們討論一下攝護腺炎（prostatitis，又稱「前列腺炎」）的

變種。

　　症狀是多種多樣的，可包括肛周區和睪丸的疼痛、排尿困難、燒灼感和下腹部疼痛。在所有這些情況下，診斷完全是臨床的。首先需要弄清病情的輪廓，進行血液培養（blood culture）和拭子測試（swab tests），以驗證是否正在進行細菌或微粒感染，自然還要與病人交談。

　　專門為此目的準備的是**美國國立衛生研究院的慢性攝護腺炎症狀指數**（NIH – Chronic Prostatitics Symptom Index, NIH – CPSI）問卷，是透過一份問卷評分，來監察慢性攝護腺炎病人的治療進程：它不用在診斷攝護腺炎，而是用在了解是否有簡單藥物治療方案的改善空間。

　　該表格是在美國開發的，並在義大利由我一位親愛的同事，吉安盧卡．朱比利醫生（Dr. Gianluca Giubilei）驗證。

A. 疼痛或不適

1）在過去的一星期裡，你在以下方面有疼痛或不適感嗎？
　　a. 肛門和睪丸之間的區域（會陰部）　是（1分）/否（0分）
　　b. 睪丸　是（1分）/不是（0分）
　　c. 龜頭（不是在你排尿時）　是（1分）/否（0分）
　　d. 腰部以下，恥骨區或膀胱　是（1分）/否（0分）

2）在過去的一星期裡，你是否有：

    a. 小便時疼痛或灼熱？ 是（1分）/否（0分）

    b. 高潮（射精）時或之後有疼痛或不適感？ 是（1分）/沒有（0分）

3）在過去的一星期裡，你在上述部位有多少次疼痛或不適的感覺？

    a. 從來沒有（0分）

    b. 很少（1分）

    c. 有時候（2分）

    d. 經常（3分）

    e. 通常（4分）

    f. 一直（5分）

4）在過去的一星期裡，從下面 1 到 10 哪一個數字最能表示你的疼痛或不適的程度？

    1 2 3 4 5 6 7 8 9 10*

    10* 代表最疼痛的程度

    疼痛的程度數值與其他疼痛或不舒服類別的分數相加。

B. 排尿（泌尿系統症狀）

5）在過去的一星期裡，你有多少次覺得排尿後沒有完全排空膀胱？

a. 從不（0分）

b. 每五次中不到一次（1分）

c. 不到一半的時間（2分）

d. 大致一半的時間（3分）

e. 超過一半的時間（4分）

f. 幾乎一直是（5分）

6）在過去的一星期裡，你有多少次在距離上次排尿不到兩小時的
情況下又不得不排尿？

a. 從來沒有（0分）

b. 每五次中不到一次（1分）

c. 不到一半的時間（2分）

d. 大致一半的時間（3分）

e. 超過一半的時間（4分）

f. 幾乎一直是（5分）

C. 生活品質（症狀對生活品質的影響）

7）在過去一星期裡，這些症狀在多大程度上限制了你的日常活
動？

a. 完全沒有（0分）

b. 不多（1分）

c. 在一定程度上（2分）

d. 很多（3分）

8) 在過去的一星期裡，你對你的症狀有多少想法？

a. 完全沒有（0分）

b. 不多（1分）

c. 在一定程度上（2分）

d. 很多（3分）

9) 如果你必須帶著上星期的症狀度過你的餘生，你會有什麼感覺？

a. 相當滿意（0分）

b. 滿意（1分）

c. 中度滿意（2分）

d. 無動於衷（3分）

e. 中度不滿意（4分）

f. 不滿意（5分）

g. 非常不滿意（6分）

請計算你的分數

A. 疼痛或不舒服

問題 1a, 1b, 1c, 1d, 2a, 2b, 3, 和 4 的總和 = ＿＿＿＿＿

B. 排尿（泌尿系統症狀）

問題 5 和 6 的總和 = ＿＿＿＿＿

C. 生活品質

問題 7、8 和 9 的總和 = ＿＿＿＿＿

您的「美國國立衛生研究院的慢性攝護腺炎症狀指數」（NIH-CPSI）得分

A.B.C. 三個問題的總和 = ＿＿＿＿＿

您的症狀

疼痛和不適以及排尿的得分之和 = ＿＿＿＿＿

輕度症狀：從 0 到 9 分

中度症狀：從 10 到 18 分

嚴重症狀：從 19 到 31 分

你想要自行車嗎？

阿爾貝托（Alberto）今年43歲，他一直熱中於運動，在獲得體育科學學位後，他開始在本鎮的科學高中任教。他似乎永遠無法得到足夠的體育活動：每星期有兩個晚上，他是女子籃球隊的教練，而且，斷斷續續地，特別是在賽季初期，他還是青年足球隊的運動訓練師。

但是他真正的愛好是騎自行車。即使在冬天，他也總是在星期日出去騎車，和朋友一起或獨自騎車：可能會持續5個小時，而且大部分是上坡。

他來診所是因為幾個星期以來，他一直感到睪丸下面的區域和恥骨後區域異常疼痛，所以他的妻子聽厭了他的抱怨，請他來見我，因為我已經治療了她最好朋友的丈夫。在討論了他的症狀並詢問了他的生活習慣後，我開始進行直腸指檢（rectal exploration，又稱「肛檢」）的是一個柔軟又極其溫暖的攝護腺（前列腺），這兩個因素讓我想到了攝護腺炎。

阿爾貝托非常擔心，因為他認為的原因是由於他在自行車上花費了很多時間，但是他還不準備放棄。不過我解釋說這只需要暫時擱置，直到他完全痊癒。

關於騎自行車和攝護腺之間的相關性，長期以來一直存在爭議。今天，我們可以說自行車不會引起任何問題，但是如果有風險

因素和傾向，它就是誘因。特別是在攝護腺炎的情況下，骨盆區域（pelvic floor area）對車座的壓力導致發炎加重，這可能會變得相當痛苦。

　　第一次諮詢後的幾個星期，我又見到了阿爾貝托，他好不容易才遠離了他心愛的自行車，正在康復中。我們的會面並不只是簡單的檢查，而是變成了對自行車世界的長時間討論。阿爾貝托收集了大量的資訊，給我講了騎自行車時保護攝護腺所需要的所有設備，為他能夠重新騎車做好準備。

　　首先，他向我展示了他新買的東西：褲襠有加固的短褲。然後他向我展示了自行車座椅，上面有一個洞——他對這個設計非常自豪。

圖 n.24　為了骨盆底設計的自行車座椅

　　中間有一個中心孔的專業座椅是攝護腺的理想選擇，因為壓力分布在兩側，從而保證在兩塊坐骨（ischial bones）上有正確的重量分布，使會陰區得到自由。對於那些長時間騎自行車的人來說，這可能是一個比較理想的解決方案。

　　當我們說再見時，我感謝他。醫生也可以向他們的病人學習。

由細菌感染引起的**攝護腺炎**病例透過簡單的抗生素治療就可以解決。即使是最急性的形式，會發高燒。另一方面，細菌性的形式仍然是不明顯的，透過改變生活方式的幾個方面來治療。有時候使用保健品，飲食中減少某些食物 —— 例如胡椒、辣椒、啤酒、白葡萄酒 —— 以及定期進行體育鍛鍊。

最後，經常射精是很重要的，因為這一行為，無論是單獨還是有人陪伴，都比一百種藥物更有幫助。

緊急情況

在成年後，陰莖創傷和斷裂是可能的，即使是罕見的事件。讓你感到不安的是伴隨著它們的故事，而不是臨床方面。男性生殖器血腫（genital hematoma）和陰莖骨折（rupture of the penis）（譯註：又稱「陰莖折斷」，俗稱「斷根」，指的是覆蓋陰莖海綿體的白膜其中之一或兩者全部破裂。病因是陰莖勃起後遭到劇烈的打擊，有時候也會伴隨著尿道阻斷或陰莖背部神經、靜動脈血管受損）是痛苦的，但是很容易解決；更複雜的是挽救關係，特別是當「裂縫」不是發生在家裡時。

除了緊急護理外，我還不止一次為這對夫婦提供幫助。讓我們這樣說吧：一段婚姻是值得包紮的。我相信，憑藉我在這個領域的經驗所產生的所有檔案資料，我們可以寫一部電視劇，其中包括前傳、續集和特輯。

雖然陰莖骨折在成年人裡很少見，但是睪丸扭轉（testicular torsion）則更少見。另一方面，常見的是睪丸感染，即附睪炎（epididymitis）（譯註：指睪丸背面的迂曲小管〔附睪〕發生的發炎），必須及時治療以防止其惡化為膿腫，從而導致睪丸本身的喪失。

甚至頭痛（cephalea）是一種比你想像的更常見的臨床情況 —— 在 20 歲左右，然後在 35 至 45 歲之間 —— 它甚至可以在做愛時出現。它的特點是突然的、強烈的疼痛，從頭的底部放射到頸背（nape），然後到前額（frontal part），影響到太陽穴（temples）和枕部（occipital region）。它被認為具有血管擴張的性質，即與接近性高潮時的血壓升高有關。它通常是良性的，但總是有必要澄清它的原因，特別是當它與其他症狀例如噁心有關時，如果它持續時間長而且經常發生。它可能預示著血管的異常，所以最好做一個核磁共振檢查（Magnetic Resonance Imaging，MRI）。在極少數情況下，它可能是嚴重腦部病變的前兆。

我不是一個私家偵探

埃馬努埃萊（Emanuele），38歲，是一名醫生。但是他在急診室的原因與工作無關，這一點從他明顯的激動中可以看出。

他的陰莖上有一個大血腫。他對我的值班同事莫妮卡（Monica）說，他打網球時，在發球時失誤了，重重地打在自己的生殖器部位，他感到非常痛苦。

莫妮卡在他的病歷上寫下了一切，但是作為一名急診室的老手，她感覺到事情不對。把她的疑慮放在一邊，她打電話給我，一個當班的泌尿科醫生，讓我去處理這個緊急情況。

當我到達時，我認出了埃馬努埃萊；在過去的一個月裡，我們討論過幾個病人的病症，並且一起吃過幾次午飯。他剛剛完成住院醫生的工作。

「你在這裡做什麼？」

「尼古拉！我沒料到會見到你。你看，你絕對不會相信我的壞運氣。」聽完他的故事後，我對他進行了檢查，發現他的陰莖折斷了。我對這一事件的動態表示懷疑：陰莖必須勃起才會折斷。

「等等，尼古拉，你是在指責我說謊嗎？你沒看到我是怎麼穿的嗎？我甚至把我的網球包和球拍放在前臺，你認為我要去哪裡？穿著網球服去超市嗎？」

應該不是去超市，而是很可能去別的地方。我看到他並不平

靜，而且我堅持認為在做愛過程中折斷的，這使他更加激動了。所以我決定，對我來說，作為一名醫生，對情況的客觀評估就足夠了，有必要立即進行干預，避免進一步的問題：損害已經造成，是喧賓奪主還是做其他決定。

陰莖骨折（rupture，又稱陰莖折斷）是由於陰莖嚴重受傷而發生的，特別是在性關係中，伴侶壓在男人身上。在統計學上，這是一個相當罕見的事件；在科學文獻中，在近七十年的時間裡（1935～2000年）有1500個案例。

正如我們在上一章中所看到的，裂口涉及包裹著陰莖海綿體的白膜（tunica albuginea），隨之而來的是直接的疼痛，以及血腫的形成。治療必須及時，採用冰敷並且立即住院治療。透過檢查和潛在的超音波和核振造影（Magnetic Rsonance Iaging，MRI）（譯註：又稱核磁共振，利用「核振造影」原理，依據所釋放的能量在物質內部不同結構環境中不同的衰減，透過外加梯度磁場檢測所發射出的電磁波，即可得知構成這一物體原子核的位置和種類，據此可以繪製成物體內部的結構圖像）檢查來確診，建議的治療方法——目前認為唯一有效的方法——是手術。

在手術室裡，我繼續切開陰莖以暴露受損的組織，吸出局部血腫，最後透過縫合重新組合這些碎片。在埃馬努埃萊的病例中，尿道本來需要插入矽膠導尿管（silicone catheter），但是它沒有受到傷害。在結束這一階段後，我癒合了切口。

術後恢復的時間和類型部分取決於手術發生的時間，這就是

我決定暫停提問的原因。在任何情況下，完全康復都需要6至12週的休息。埃馬努埃萊的陰莖安然無恙，只是要休息一下。我在莫妮卡下班的時候遇到了她。「你知道他沒有告訴你真相，對嗎？」她說。「事情不可能是這樣的。」

「一切都會好起來的。我不是一個私家偵探。」神祕事件發生兩年後，我在醫院的走廊裡停下來聊天。吉安弗蘭科（Gianfranco）一如既往地了解最新的病房八卦，忍不住要給我講講當天的獨家新聞。

「你聽說埃馬努埃萊的妻子發現他和一個老女人偷情嗎？在無數次晚間的網球比賽中，她起了疑心，後來發現自己是對的。真是荒唐。」我假裝非常驚訝。

另一方面，**做愛後頭暈**（Post-coital cephalea）（譯註：這種房事暈厥症多發生在初次同房的新婚夫妻和約會中的青年男女。現代醫學稱「血管抑制性暈厥」）通常與使用有利於勃起的藥物有關。當人們出現這種情況時，最好的建議是不要向焦慮屈服，並且嘗試放輕鬆。如果疼痛持續存在，最好由醫生進行檢查，並且確定有關的藥物。

身體穿洞（Piercings，請參閱〈2.青少年的陰莖「身體穿洞」〉）也可能導致緊急情況。首先，它們不允許你安全地佩戴保險套。事

實上，異物會成倍地增加保險套破裂的機會，所以所有的性關係都是高風險的。此外，它們增加了造成陰道和肛門割傷的機會。

它們還有可能在陰莖上形成瘻管（fistulas）（譯註：即不正常、不應該有的通道，從肛門口裡面〔直腸〕附近，通到屁股外面的皮膚。肛門瘻管會有一內開口、一外開口，內開口開在直腸壁，和外開口連成一通道，這是不應該有的。瘻管一旦出現，就容易造成感染、膿瘍反覆發作）。在這種情況下，尿液可以採取不同的管道，最終不再從肉眼可見的地方流出，而是從陰莖的另一個點流出。這將導致受影響者的生活品質真正和永久地降低，並可能導致嚴重感染。因此，請儘量克制在身體穿洞的這種想法，如果你必須這樣做，請只依靠有能力的醫務人員，並且始終在完全安全的條件下。

成為一個成年人意味著什麼？這是我們令人難以置信的巨大疑問，它涉及如此多樣的領域，可以有更多的篇幅和更多的書。我可以說的是，這意味著對自己和身邊的人的健康採取負責任的態度。定期檢查，鼓勵家庭成員與專家交談，教育孩子們認識醫學的重要性。當然，這並不意味著蝙蝠俠的服裝需要永遠鎖在閣樓上，我仍然很自豪地穿上我的蝙蝠俠服裝（譯註：請參閱本章「永遠年輕」那一節作者提及穿蝙蝠俠服裝的故事）。

危險的玩具

索菲亞（Sofia）和西蒙尼（Simone）的性生活非常激烈，沒有任何成見。他們喜歡告訴對方自己的性幻想，並且一起欣賞色情電影。但是，當他們可以扮演一個角色時，為什麼只做觀眾呢？

他們決定諮詢一家網路性用品商店，以實現他們的願望，與此同時保持他們的匿名性。在他們購買的物品中，有一個「鋼製的陰莖環」（steel cock ring），可以透過金屬的冰冷感覺來獲得更強烈、更持久的勃起，並且由於有一個浮雕裝飾，可以刺激索菲亞的陰蒂。

陰莖環被放在陰莖根部，但正如有時候在網路上購買時發生的那樣，這對夫婦沒有計算出正確的尺寸。當西蒙尼的陰莖達到半勃起狀態時，陰莖環就會戴上，但是之後就不能脫落了。

強制的收縮阻斷了血液的流出，導致類似於陰莖異常勃起（priapism）的情況：他的陰莖無法恢復到鬆弛狀態，開始時的遊戲變成了悲劇。

經過3個小時和各種取環嘗試，他們決定鼓起勇氣去急診室。我立即對西蒙尼進行了檢查，我意識到釋放他的唯一方法是找到鐵線剪（Wire Cutter）。由於不知道該向誰求助，而且考慮到時間已晚，附近也沒有維修人員，我決定給消防局打電話，但是沒有透露太多細節。

半小時內，一輛消防車給我帶來了工具。在手術室裡，我們讓病人睡覺，希望陰莖的腫脹消退，以便於切割，但是這並沒有發生。手術非常精細：必須在不影響陰莖的情況下將陰莖環取出。

　　切口乾淨而精確，釋放西蒙尼後，我鬆了一口氣。他的陰莖沒有受到損害，幾天內就能恢復正常。

　　當我把鐵線剪還給一個在前臺等候的消防員時，他說：「醫生，告訴他為訂婚戒指做更好的測量，否則會很麻煩。」

　　這家醫院似乎隔牆有耳。

4.

老年人的陰莖

「馬可（Marco），看看今天是誰來接你了：是爺爺耶！」
「實際上，我是他的爸爸。」

......

2018 年，科學界，更確切地說，義大利老年學和老年醫學協會（Italian Society of Gerontology and Geriatrics，SIGG）（譯註：有關老化問題的學科稱為老年學）將老年人的入口門檻從 65 歲修改為 75 歲。隨著近幾十年來預期壽命的增加，人們更傾向於採用更精確的分類與「晚年」的通用定義。

在這樣做的時候，我們並不希望用紅筆來標記生活的各個階段，因為將個人的經驗分類從來都不是一個好主意。這是一個在青少年和在這最後一章一樣有效的指示。然而，對於有效的溝通來說，至少在整體上對我們要傳達資訊的大眾進行劃分總是有用的。

因此，我們決定使用 SIGG 的分類，部分原因是，除了在社會層面上，一個 68 歲的人所遇到的問題與一個 83 歲的人在醫學領域也是不同的。而且我們還一致認為，在今天，把一個 65 歲的人視為老人是不合時宜的。

為了細化老年的概念，我們確定了四個分組：年輕的老年人（young seniors，64 歲至 74 歲），老年人（seniors，75 歲至 84 歲），超級老年人（super seniors，85 歲至 99 歲）和百歲老人（centenarians）。將期望值和生活品質與 30 年前的期望值和生活品質相比較，說 70 歲是新的 50 歲似乎過於簡單了！

　　因此，以下幾頁在其一般含意上注定是談老年期的事，當然，但具有我們剛剛觀察到的區別，即使它們沒有直接指定。

　　時代在變。預期壽命增加了，外界對我們的要求也提高了。如今即使是退休也更加遙遠，那個你「只是」（可以這麼說）當爺爺的年齡充滿了潛力。

　　我想借此機會一勞永逸地指出，**男性更年期**（andropause）不存在，也從來沒有存在過。這是一個明顯被濫用的術語，不僅被媒體濫用，也被醫生和衛生部門的專業人士濫用。它是為了模仿「更年期」而創造的，「更年期」結束了女性的生育能力，它沒有理由存在，因為對男性來說，這是一種從未出現過的情況。精子的生產從來沒有「暫停」這一回事，實際上一直持續到老年，只要它沒有「暫停」，始終會有讓子宮受精的能力。

　　這就是為什麼馬可的爸爸，也就是本章最初場景中的那個人，會被老爺爺這詞搞得暈頭轉向。對於他，我建議加入我的個人戰鬥，用良好的幽默感武裝自己，也許還可以穿上一件寫著「男性荷爾蒙是假新聞，我就是活生生的證據」的 T 恤。然而，即使精神

保持年輕，我們的身體也會老化並發生變化，我們需要為此做好準備，理解並接受它們。而這恰恰是泌尿科醫生再次發揮作用的地方。

所以我們來到了老年期。在深入探討最後一章的細節之前，先警告一下：在這一時期，真正要避免的陷阱是屈服於對衰老的恐懼，對不再有吸引力的恐懼，以及因此而放棄我們的性能力。

保養

隨著年齡的增長，我們的身體承受並經歷著衰老的過程：我們的背駝了，我們的力量和耐力都不如從前了，我們的聽力也是如此。陰莖當然也不能免於這些變化：覆蓋它的皮膚開始失去彈性，其顏色也發生了變化。較少的血液供應產生不太強烈的色調，特別是在龜頭，而睪固酮濃度（testosterone rate）的自然下降導致陰毛變得稀少。

一些網站聲稱，過了一定的年齡，陰莖開始縮短，每年最多損失 1 公分。我想立即澄清這個假新聞。除此之外，這些網站還宣傳和銷售乳霜、藥丸、香膏和其他神奇的調製物，據稱這些東西能夠阻止所謂的萎縮過程，甚至可能逆轉它。它們都是庸醫的補救措施，在最好的情況下也是無用的（如果它們曾經被送到訂購者手中）。這個問題沒有任何醫學或科學依據。

幻影理論（phantom theory）可能起源於對畸形恐懼症

（dysmorphophobia）（譯註：病人會專注在自身一處或多處外觀上的感知缺陷，會有強烈的「我很醜」的想法），特別是陰莖彎曲病例的統計。根據推測，的確是較少使用該器官和較少的勃起數量會造成，就像停止跑步的運動員一樣，肌肉會退縮，從而有利於這種彎曲。這種現象也會影響到陰莖，但是它絕不能被認為是衰老的結果，而是有害行為的結果。陰莖必須保持活躍。

正如我們在前幾章中所觀察到的，生命的各個階段的共同點是整個生殖器區域衛生的重要性。在一個老年人身上更是如此：事實上，它引發了一個良性循環，因為它鼓勵了身體的充分對應，而這又反過來鼓勵了這種護理。然而，不幸的是，相反的道路已經得到了支持：衛生被忽視，導致某些陰莖功能障礙或病變，從而引起疼痛或勃起困難，透過多米諾骨牌效應（domino effec），人們最終停止了對陰莖的護理，放棄了它。這有利於它受到感染，例如龜頭炎（balanitis）：如果被忽視，會退化成包莖（phimosis）。

我們的總體健康狀況是相當有影響的。例如，如果存在運動障礙 —— 不一定與時間的流逝有關 —— 就很難適當地照顧自己的生殖器衛生，因此感染有可能變得更加頻繁。關鍵是要確保有人關注我們陰莖的健康，每天將包皮向後滑動以清洗和防止細菌沉積。

對於臥床不起的老年人，醫生通常更傾向於使用**導尿管**（catheter）而不是成年人尿布。這是一根矽膠管，沿著尿道插入，直接連接到膀胱，是防止失禁的好幫手。我對這個問題的回答是，最好總是傾向於使用導尿管，注意每 20 至 30 天更換一次。如果保

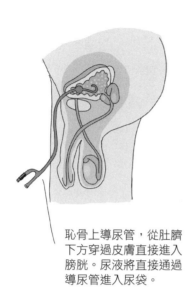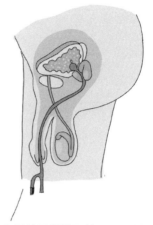

恥骨上導尿管,從肚臍
下方穿過皮膚直接進入
膀胱。尿液將直接通過
導尿管進入尿袋。

留置性尿道導尿管,經尿道插入膀
胱內將液體注入或引流出尿液。

圖 n.25 恥骨上導尿管和留置性尿道導尿管

持清潔,導尿管產生的併發症要比尿布少得多,儘管今天的尿布比
過去更實用、更不容易引起過敏。但還是需要每天更換多次,增加
了感染的風險。

　　如果身體健康,體格健壯,狀態良好,那麼陰莖也能保持良好
的狀態。反之亦然,在兩個相同年齡的男人中,仍有性生活的男人
比已經「掛掉」陰莖的男人有更長的壽命。

　　我們不要忘記,我們的工具是我們健康的晴雨表:正確的生活
方式是預防的一個關鍵因素。這個年齡段的人必須 —— 我強制性
地說 —— 定期做運動,不誇張地說,要走出家門,避免久坐的生

活方式。如果一個沒有像年輕人那樣有好身材、活動能力強,那麼他做一些運動是正確的。顯然,選擇「溫和」的運動會是一個好主意,例如游泳、健身房運動(最好有教練的監督)、戶外散步,還有跳舞。反之,足球或騎自行車是危險的運動,因為有可能造成創傷 —— 包括骨盆區域的創傷。

對於健康又常做運動的人來說,某些**加強骨盆底**(pelvic floor)(譯註:指一組支撐膀胱、子宮以及腸道的肌肉與韌帶群)的練習對保持陰莖、腸道和膀胱的形狀與控制是有用的。

有關區域從恥骨延伸到尾骨,組成該區域的肌肉支援著膀胱和直腸的末端部分。它們可能因多種因素而被削弱,從簡單的老化到

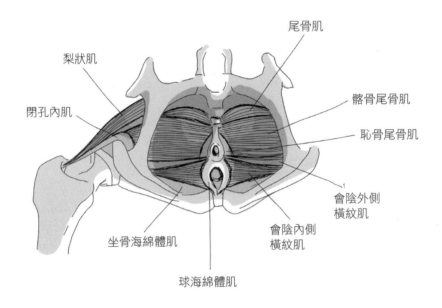

圖 n.26 骨盆底的肌肉

手術的後遺症 —— 通常是攝護腺 —— 從重體力勞動到肥胖，甚至是慢性咳嗽。為了真正加強它們，具體的練習必須有規律地進行，每天都要進行，而且要有足夠長的時間 —— 至少 4 至 6 個月。

現在想像一下，我是一個私人教練，如果你願意的話，也可以是一個水上健身教練，而我則為你的練習擬定節奏。建議的方案要求對肌肉進行各種系列的自主收縮，與放鬆的停頓交替進行，至少重複 10 次。理想情況下，訓練課程應該每天重複多次，以防止或至少對抗令人不快的**尿失禁問題**，這往往源於攝護腺問題。

然後，你應該注意清醒和睡眠韻律的適當節奏，因為休息也是如此，在品質和數量上保持平衡，具有重要意義。

睡眠對我們的健康至關重要，在任何年齡段都是如此。這種需求隨著年齡的增長而減少，但是我們的機體需要能夠依靠一套連續的休息 —— 例如，沒有必須不斷起身去上廁所排尿的不適感。

對於一個老人來說，連續 6 小時的睡眠是一個最佳的休息間隔。不幸的是，患有攝護腺疾病的男子可能會發現自己在半夜醒來多達 5、6 次，這使得他的睡眠品質和數量都直線下降。

缺乏休息還有另一個副作用。快速動眼期（rapid eye movement，REM）的減少也窄化了非自願勃起的空間，這種自然運動對陰莖的強健非常重要。這就是為什麼一有**夜尿症**的跡象，或是一有夜間起床排尿的刺激，就必須進行泌尿科諮詢的原因之一。

破除偏見

　　安東尼奧（Antonio）今年67歲，一段時間以來，他經常在夜間醒來排尿。他開始時每晚起床2到3次，但是最近增加到多達5到6次。這使他無法得到長時間的休息，因此他很少能在夏天太陽變得太熱之前早起給他的菜園澆水。

　　他決定處理這種情況，但是他有一個問題。他信任的醫生在休假，代替他的是一個來自城外的女性醫生。他從朋友路易吉（Luigi）那裡得知，他去拿他的高血壓藥物處方，然後高調地離開了那裡。

　　安東尼奧對自己發誓，在弗朗祖基醫生（Dr. Franzucchi）回來以前，他不會踏進診所一步。他朋友的警告使他免於陷入他所認為的尷尬場面，更重要的是，免於在涉及他的陰莖問題上去依賴一個女人，而她當然對這些問題知之甚少。

　　但是，當他的朋友們在運動酒吧的桌子上慶祝時，頻繁的上廁所需求使他在他最喜歡的球隊比賽中錯過了不是一個而是兩個進球，事情就變得難以維持了。他能想到的唯一短期解決方案是向法比奧（Fabio）徵求意見，法比奧是他的一個熟人的兒子，也是他信任的藥劑師。法比奧知道自己在說什麼，也知道安東尼奧的極限，他建議他儘快進行泌尿科檢查，因為他的情況需要進一步諮詢。

　　法比奧在一張紙上給他寫了我辦公室的電話號碼，他打電話預約。到了預定的日子，他就來了。自然，他沒有告訴他的妻子。

　　「您好，醫生，您是一個共同的朋友推薦給我的，法⋯⋯」他說到一半就沉默了，在門口僵住了。「你好，安東尼奧。請進來，讓自己舒服點。」

　　「哦，對不起，他們沒有告訴我我們有客人。」他為我的同事打開門，坐在我旁邊。

　　「不，不用擔心，薩布麗娜（Sabrina）是泌尿外科系的住院醫師，她會和我一起進行檢查。你剛才說到法比奧，當然，他是我一個親愛的病人。那麼，是什麼風把你吹來了？」安東尼奧沒有回答，我掙扎著想了解發生了什麼。過了一會兒，他鼓起勇氣，重新開始說話。

　　「一段時間以來，我一直在夜裡醒來，因為我覺得需要經常小便，而且我的⋯⋯對不起，她能出去走走嗎？」

　　現在我明白了：問題在於薩布麗娜，在於她是個女人的事實。我平靜地對安東尼奧解釋說，我當然可以讓這位高級專科住院實習醫生出去，但是這不符合任何人的利益。不是她的，因為她會錯過一個學習的機會，也不是他的，因為他將失去一個雙重諮詢和對攝護腺的雙重澈底檢查的機會。

　　「安東尼奧，把你的心放下來。事實上，你要認為自己很幸運：兩個泌尿科醫生的費用只算一個！」

　　病人逐漸屈服，但是從這一刻起，他就不吭聲了。在沉默

中，我們繼續進行直腸指檢（rectal examination，又稱「肛檢」）。薩布麗娜給了我關於他的攝護腺狀態的精確指示，這使得我們可以明確診斷為攝護腺炎（prostatitis，又稱前列腺炎），並且及時發現和治療。

通常醫學系的學生中有56%是女性，這個數字註定要隨著時間的推移而增加。泌尿外科是女性難以立足的領域之一，其原因在於仍然普遍存在的禁忌，尤其是在老年病人中。

始終要記住的是，醫生就是醫生，當他們在行使自己的職務時，他們的領域是沒有性別差異的。特別是住院醫生需要學習這個行業的工具，為了做到這一點，他們需要在現場觀察，不受阻礙。

營養方面的問題是戰略性的。我們義大利人有習慣於地中海飲食的優勢，但是我們需要注意不要過度攝入碳水化合物。改變功能表是好的，什麼都吃一點，並且牢記熱量消耗不能與 40 歲的人一樣。

水的貢獻也很重要：你需要喝很多；水，也就是說，吃飯時喝一杯紅酒，其豐富的多酚貢獻，仍然被認為是一劑良藥。它與自由基形成對比，防止氧化，這是動脈硬化變性現象的基礎。

最後，重要的是不要忘記，陰莖直接受到血糖（glycemia）、膽固醇（cholesterol）和三酸甘油酯（Triglycerides，TG）（譯註：

又稱中性脂肪，是人體內的一種血脂肪）標準值改變的影響。如果我們的數值不在正常範圍內，我們可能正是從陰莖功能的不完善中注意到這一點。為了保持攝護腺的健康，建議食用某些蔬菜，那些我們通常避免烹飪的蔬菜，因為它們比其他蔬菜更有味道，例如綠花椰菜、白花椰菜和高麗菜，它們含有蘿蔔硫素（Sulforaphane），是攝護腺的盟友。

倘若說到目前為止我們已經談到了陰莖的一般功能，那麼現在我想把重點放在性領域。事實上，人們仍然普遍認為，過了一定的年齡，陰莖就會變成一個無用的附屬器。

如果一個人是健康的，沒有服用任何對性領域有副作用的藥物，他的表現將保持不變。另一方面，如果他患有任何病症 —— 高血壓、糖尿病、帕金森氏症（Parkinson's disease，PD）、內分泌或心血管疾病 —— 陰莖的功能就會受到影響。從我的角度來看，護理一個 75 歲以上的病人比護理一個 50 多歲的人問題要少。矛盾的是，老年人的問題更簡單，甚至是最基本的，而中年男子的某個症狀可能隱藏著一系列潛在的嚴重情況，需要逐一分析和根除。

在本章的開頭，我們提到了男性更年期（andropause）一詞在媒體上的使用情況，儘管它缺乏科學依據。它經常與睪固酮產生有關的問題相混淆。睪固酮是男性性能力的基本荷爾蒙：除了控制胰島素抵抗（對保護機體免受糖尿病影響具有戰略意義）、對抗憂鬱症、防止骨質疏鬆症和血管問題外，它的作用

還包括調節性慾。在男性中，睪固酮在性腺（睪丸）中由睪丸間質細胞（Leydig cells）產生，雖然數量較少，但是主要由腎上腺皮質（suprarenal cortex）分泌。（譯註：睪丸間質細胞是位於睪丸生精小管外側的細胞，屬內分泌細胞，分泌睪固酮〔testosterone〕；透過開口型微血管〔fenestrated capillary〕運送；其分泌受到腦下垂體〔pituitary gland〕分泌間質細胞刺激荷爾蒙〔interstitial cell stimulating hormone, ICSH〕的影響，而製造睪固酮〔testosterone〕。）

50 歲左右，男性機體的標準值自然開始下降。如果下降在自然範圍內停止，我們就說是**與年齡有關的性腺功能低下**（age-correlated hypogonadism）—— 這種狀態也被定義為遲發型性腺功能低下症（Late-Onset Hypogonadism, LOH）（譯註：指的是老年男性因血中睪固酮濃度過低導致的臨床症候群）：關於是否可以用有針對性的療法進行干預或保持現狀的爭論仍在進行。另一方面，如果下降持續超過最低值，那就是**單純性性腺功能低下**（simple hypogonadism），這是一種病症情況，我們將在專門的章節中進一步研究。

導致睪固酮下降的原因可能是**新陳代謝症候群**（metabolic syndrome），也被稱為**胰島素阻抗症候群**（Insulin Resistance Syndrome）。這是一種與心腦循環病症高風險有關的臨床狀況，其特點是多種因素同時存在，包括動脈高血壓、血液中的高血糖和三酸甘油酯、低數值的高密度膽固醇（HDL-C）（譯註：是體

內防止動脈硬化的重要物，高密度脂蛋白「好」膽固醇）、腹圍大於 102 公分等。在血糖和三酸甘油酯數值正常的人中，睪固酮透過新陳代謝釋放到血液循環中；另一方面，在那些受新陳代謝症候群影響的人中，睪固酮被多餘的脂肪「捕獲」，因此仍然未被利用，造成相關問題包括勃起功能障礙的增加。

但這還不是結束。除了**內分泌系統**（endocrine system）外，**心腦循環系統**（cardio-circulatory system）也必須保持密切監視。陰莖的血管是由動脈和靜脈銜接起來的，在表面和更深的地方，從這些地方分支出愈來愈細的血管。陰莖上的血管阻塞會導致性生活方面的問題，通常是勃起功能障礙，因此發出警報，明智的做法是要注意：這個小血管的關閉可能是幾年後在冠狀動脈（coronary arteries）中出現現象的前奏。

勃起功能障礙的發作不應該被壓制，因為它可以使我們避免未來的心臟病發作。這種跡象在任何年齡段都自然有效，但是從 60 歲開始更是如此。然而，這並不意味著我們應該在第一次「失誤」時就開始恐慌。

病症

在老年人中，泌尿系統疾病平均比青少年和成年男性更常見。主要有三個原因：由於**被忽視的醫療條件**，多年後會迅速衰退；其他身體系統的**慢性疾病**（chronic diseases）對生殖器官的影響；以

及由時間引起的**自然磨損**，陰莖也不能倖免於此。

然而，大部分疾病並不是時間流逝的唯一結果，而是個人在其生命過程中的有意識行為。而且不僅僅是在飲食和生活方式方面。比如說，我在想一個從來沒有定期檢查和體檢的人，像晴天霹靂一樣，突然發現他現在所罹患的疾病已經到了晚期。

預防和資訊是我們掌握的最有力的武器：這句話最明顯的指標之一是老年病人在晚年感染性病的數量。人們常常認為，「好吧，如果我到現在還沒有得到任何東西，那就意味著我有免疫力，不會發生在我身上。」但是老年陰莖的反應能力較差，因此更容易受到微創傷和疾病的影響。

資料證實了這一點。愛滋病（HIV）的頻率正在增長，特別是在 60 歲以上的病人裡，他們對使用保險套的敏感性比年輕人差。因此，透過保護措施進行預防始終是有效的，部分原因是它是防止性病的唯一有效武器。

應該說，在使用保險套方面，老年人比年輕人更吃虧。對於不完全勃起的陰莖來說，戴上保險套更加困難。但是這也有一個解決辦法。有一些藥物可以幫助陰莖勃起和隨之而來的保險套使用。讓我們時時刻刻能保護我們自己和我們的伴侶，即使是在我們有白頭髮和戴假牙的時候。

現在，我們將廣泛地了解老年人陰莖**最常見的疾病**以及這些疾病的特點。

龜頭炎

通常是由於**缺乏個人衛生或沒有保護的性活動。**

清潔劑、藥膏或醫生處方都能夠對付它。

嵌頓性包莖

如同兒童和青少年一樣，包皮無法回到其覆蓋龜頭的正常位置。對於老年人，其原因與不良的個人衛生、以前的**龜頭炎**或**組織彈性的喪失**有關。

它可以透過徒手治療（manual maneuver）（譯註：指不使用任何物理治療儀器，僅由物理治療師的雙手施力，來達到促進循環、減輕疼痛、增加關節活動度、增進動作功能的治療方式）來解決，或者在最困難的情況下，透過簡單的操作來解決。

睪丸附睪丸炎

它的出現是由於感染或發炎引起的睪丸強烈而突然的疼痛。

治療方法是完全透過口服抗生素。在老年人中，它常常導致急性陰囊疼痛（reactive hydrocele），這時候的解決辦法是手術治療。

性腺功能低下症

性腺功能低下症的診斷包括對症狀的分析和實驗室檢查，以確認**睪固酮的缺乏。**

最常見的症狀包括：性慾減退和勃起功能障礙；體毛稀疏

和鬍鬚生長減慢；體重、內臟脂肪和腰圍增加；皮脂腺分泌減少和某種皮膚乾燥；男性女乳症（Gynecomastia）；骨質疏鬆症（osteoporosis）。

一些研究顯示，睪固酮的濃度隨著年齡的增長而逐漸減少。性腺功能低下症在 30 歲至 50 歲之間影響 4.2%，50 歲至 79 歲之間影響 8.4%。然而，用什麼術語來解釋與衰老的關係是有爭議的。目前，我們更傾向於談論**遲發型性腺功能低下症**（late-onset hypogonadism, LOH）（譯註：指的是老年男性因血中睪固酮濃度過低導致的臨床症候群，也稱老年男性雄性素部分缺乏症候群〔partial androgen deficiency of theageing male, PADAM〕或睪固酮缺乏症候群〔testosterone deficiency syndrome〕）。根據最近的資料，70 歲以上男性中遲發型性腺功能低下症的存在率似乎至少為 20%。

科學領域的公開問題集中在是否以及如何對存在的這些病症進行干預，這些病症至少有一部分是自然的，評估用睪固酮治療的好處和這種干預的風險。

只有在確診為嚴重的性腺功能低下症（譯註：低於睪固酮濃度標準值 300 至 1000ng ／ dl，10 至 35nmol ／ L）時，才能進行睪固酮的替代治療，而這又是基於低於正常的睪固酮標準值，並且同時得到臨床測試的驗證。另一方面，即使存在與性腺功能低下症相關的症狀，也不應該在睪固酮標準值於正常範圍內的情況下開始治療。這是因為睪固酮的使用會導致明顯的副作用，包括使血液中的

液體減少，從而導致包括中風在內的心血管病變的重大風險。除此之外，藥物性睪固酮不能口服，而必須注射。（譯註：男性體內的睪固酮分泌在 15 至 30 歲之間最高，但過了巔峰期，隨著睪丸功能衰退，血中睪固酮濃度以每年 1 ～ 2% 速率減退，通常到了 40 歲，男性可能因為睪固酮濃度不足，而造成各種老化現象。）

最近，市場上充斥最新一代睪固酮凝膠的產品，根據病人的臨床情況建議使用這些產品，號稱可以使睪固酮保持在標準值。然而，就目前的知識水準和現有療法而言，指導原則仍然是相當謹慎的。睪固酮不應該不假思索地開給每個缺乏睪固酮的人：我堅持認為，其副作用可能相當嚴重。

就我個人而言，我更願意從建議進行身體活動（Physical activity）（譯註：任何經由骨骼肌肉系統消耗能量所產生的身體動作）或散步開始，因為健康和平衡的生活方式確實有很大的幫助。無論如何，考慮到我們現有資料的侷限性，我強調任何藥物治療都必須在有針對性的診斷程序結束後，在專家的密切監督下才能開始。

尿失禁

根據統計，尿失禁（Incontinence）的情況相當普遍，特別是在患有**良性攝護腺肥大症**（Benign Prostatic Hyperplasia，BPH）的男性中。事實上，當攝護腺體積增大時，會減慢甚至阻礙尿液的通過，導致在稍後時刻突然需要排尿。這種刺激可能是非常強烈，以

至於它並不能總是能給你足夠的時間去上廁所。尿失禁幾乎關閉了我們的生活圈子，使我們回到小男孩時，我們還沒有認識到小便的刺激。但是這並不能證明不分青紅皂白地求助於成年人紙尿布是正確的，應該事先嘗試其他方式。

一些典型的老年男性疾病，例如帕金森氏症，其症狀中包括尿失禁。然而，它可以有不同的原因：攝護腺手術，或者更好的是為治療攝護腺癌而進行的根除性攝護腺切除手術（radical prostatectomy，治療的目標在於根除所有攝護腺內的癌細胞，現在已經進行到 75 歲），或者是骨盆創傷導致的尿道括約肌（urethral sphincter）損傷。在這種情況下，我們說的是壓力性尿失禁（Stress Urinary Incontinence），典型的例子是打噴嚏或咳嗽後不由自主地流失少量尿液。在這種情況下，我們可以透過手術進行干預，放置一個創傷包敷繃帶（contoured bandage）以取代已經受損的支持尿道的肌肉組織（musculature）。

然後是**急迫性尿失禁**（urge incontinence，又稱「膀胱過動症」），這是最常見的形式，發生於膀胱在錯誤的時間收縮，給人一種需要立即排尿的感覺。這種刺激也可能是欺騙性的，尤其是在我們剛剛排空膀胱的時候。這可以透過對攝護腺的手術來解決，攝護腺是這個問題的主要罪魁禍首。

另一方面，**溢出性尿失禁**（Overflow incontinence）涉及膀胱無法正常排空時發生的尿液損失。它通常是由攝護腺肥大或尿道萎縮引起的。如果被忽視，它可能導致老年病人中普遍存在的緊急情

況，即急性尿滯留（Acute urinary retention，AUR）（譯註：又稱「急性尿瀦留」，病人以前沒有任何下泌尿系統症狀，例如解尿困難、解尿疼痛、頻尿、夜尿等，或輕微下泌尿系統症狀但卻突然發生解尿完全解不出來的情形），我們將在專門討論緊急情況的章節中進行探討。

最後是**完全性尿失禁**（total incontinence）（譯註：指在完全清醒且在任何情形下，尿液不自主地排出），或由於括約肌完全不足而持續遺尿，通常與神經系統疾病有關。

對於所有這些情況，我們已經看到有一些治療方法，這些方法根據我們所經歷的尿失禁和所涉及的器官而有所不同。如今，有許多選擇可以解決這個問題。在向成年人紙尿布或導尿管投降之前，重要的是尋求最合適的解決方案。在最嚴重的情況下，你可以求助於人工尿道括約肌（artificial urethral sphincter），即在尿道周圍放置一個套環，可鎖緊尿道，防止尿液流出。但須另設一開關於陰囊，可控制套環鬆緊。病人在上廁所時打開開關，即可恢復排尿。這種方法仍然鮮為人知，被認為是一種小眾的手術選擇，但是有必要知道它的存在。另一方面，對於輕微的尿失禁，重要的是訓練骨盆底（pelvic floor）（譯註：指一組支撐膀胱和腸道的肌肉與韌帶群），正如我們在「保養」一小節裡所看到的。

攝護腺病症

在這個時期，最常見的病症無疑是那些與**攝護腺**（又稱前列

腺）有關的病症。因此，回顧一下它的解剖結構和它如何運作是非常正確和恰當的。

攝護腺的主要功能是容納攝護腺液，它占射精時釋放精液的90%——沒錯，與人們的看法相反，射精並不直接來自睪丸，而是來自這裡——一方面保護整個生殖器，另一方面特別是保護精子。事實上，這種液體是由有價值的物質組成的：蛋白質、脂質（lipids）（譯註：是某一類的天然分子之總稱，其中包含脂肪、蠟、固醇、脂溶性維生素：維生素 A、D、E、K、單酸甘油酯、雙酸甘油酯、磷脂等。主要功能包括貯存能量、建構細胞膜的成分與重要的信號分子）、前列腺素（PG）（譯註：對內分泌、生殖、消化、血液呼吸、心血管、泌尿和神經系統均有作用）、荷爾蒙、果糖、維生素C、左旋肉鹼（L-Carnitine）（譯註：又稱為肉鹼、卡尼丁，天然的類維生素營養素）、鋅等，這些物質對創造精子生存的完美環境非常有用。

簡而言之，它是男性身體的一個腺體，位於膀胱下方，被一段尿道穿過。如果一個人的這個腺體有問題，首先出現的症狀之一正是小便發生異狀。醫學術語稱為**排尿困難**（dysuria），或與排尿有關的刺激。

從根本上說，有三種病症可以影響這個腺體：**攝護腺炎**（prostatitis，攝護腺發炎）、**良性攝護腺肥大症**（benign prostatic hypertrophy，攝護腺增生，對尿道造成壓力，使尿液更難排出）和**攝護腺癌**（prostate cancer，與腫瘤細胞的出現有關的退化）。

　　真正的問題是，它們也可能同時出現。臨床資料顯示，過了75歲，攝護腺炎和良性攝護腺肥大症同時出現的情況極為常見。然而，應該注意的是，雖然後者有一個熟悉的（遺傳）性質的聯繫，但對攝護腺炎來說，情況並非如此。

　　隨著男性年齡的增長，罹患攝護腺癌的風險非常高：在75歲到80歲之間，大概有50%。歐洲泌尿外科協會（European Association of Urology）的指南說，超過75歲，尋找它不再有意義，它可能就在那裡。然而，它幾乎總是一種演變非常緩慢的癌，能夠

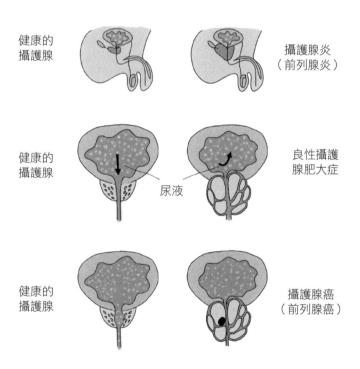

健康的
攝護腺

攝護腺炎
（前列腺炎）

健康的
攝護腺

尿液

良性攝護
腺肥大症

健康的
攝護腺

攝護腺癌
（前列腺癌）

圖 n.27 攝護腺病症

在出現後 10 至 20 年才出現臨床問題，無論如何，此時已經達到生命週期的終點。但這種病症的發生率特別高，我們絕不能感到害怕。事實上，它解釋了為什麼它被認為是一種準自然的情況。

罹患頻率因種族群體而異：黑人比白人有更高的易感染體質。此外，當一個大陸板塊的人口改變時，它受到已經居住在新領土上的群體風險達百分比。社會、文化和環境的輸入，例如飲食、生活方式和汙染值都有很大的影響。然後還有遺傳因素需要考慮在內，如果病人的父親或兄弟受到這種病症的影響，那麼他最好定期進行針對性的檢查。

這三種病症的**症狀相似**。攝護腺炎的症狀是小便困難，或排尿疼痛，伴有排尿時的燒灼感以及會陰部、睪丸和恥骨上區的分散性疼痛。

良性**攝護腺肥大症**的症狀是夜間頻尿（nocturia）。你必須每天晚上多次起來上廁所，但是當你到廁所時，尿液不會立即流出，你必須等待幾秒鐘。尿流還呈現出「低效度」的特點：尿流很弱，而且明顯向下（原因是我的病人經常告訴我，「我尿在拖鞋上」）。另一個症狀可能是相反的，失禁。在血液檢查方面，攝護腺特定抗原值（prostate specific antigen，PSA）的改變可以顯示存在一個持續的攝護腺肥大。

另一方面，**攝護腺癌是沒有症狀的**，因此更加狡猾。只有到了晚期，你才會注意到與影響骨骼的轉移有關的症狀，從而出現非常尖銳和無法控制的疼痛，這種情況很罕見，部分原因是在預防和早

期診斷方面已經取得了很大進展。在這個意義上，就像所有無症狀的病症一樣，持續的監測是非常重要的，特別是通過 PSA 測試，從 50 歲開始（如果家族中有「攝護腺癌」的病例，則是 45 歲）。我們應該記住，我們不能無端地害怕：篩檢並不創造疾病，而是發現它，如果它存在的話，而且我們愈早做愈好。我們還要記住，PSA 並不是腫瘤存在的唯一指標，因此，有必要與你的泌尿科醫生進一步檢查異常值。

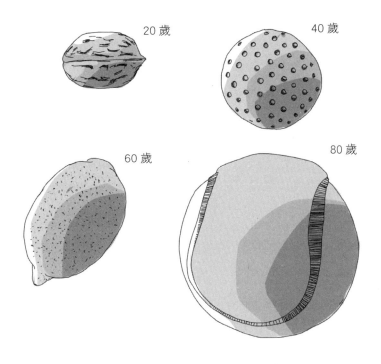

圖 n.28 不同年齡段的攝護腺大小

在任何情況下，診斷的方式都非常簡單。首先是病史，或對病人的病史進行分析，然後在臨床上進行**直腸指檢**（rectal exploration，又稱肛檢），來核實攝護腺的大小。在正常情況下，它應該是栗子大小，而在良性攝護腺肥大症般的情況下，它變得更類似於橘子，在非常晚期的情況下，會有橘子大小。如果有攝護腺炎，泌尿科醫生的手指會感覺到異常的溫度；如果有腫瘤，最後會感覺到有結節（nodule）（譯註：結節是指實心的小腫塊，通常直徑在 3 公分以下）存在。

通常情況下，為了便於直腸指檢，病人被要求側臥在地上。泌尿科醫生帶著潤滑感良好的手套，將手指插入直腸，檢查整個攝護腺（正中葉和兩個側葉），以評估其靈活性和大小。手術不應該會引起疼痛（我這樣說是為了讓所有擔心的人放心）。

而我則在病人的腳上檢查，讓他彎腰。原因很簡單：在這種姿勢下，攝護腺離我的手指更近，診斷更精確。根據我的經驗，對病人來說，躺著的心理影響較小，因為診所的床立刻使他處於有問題的狀態，從而更傾向於接受檢查；但是這並不總是一個成功的選擇。檢查只持續幾秒鐘，檢查前的焦慮和恐懼立即消失了。

為了確定**攝護腺腫瘤**的存在，以後有必要進行切片檢查（biopsy），或組織取樣（tissue sampling）。然而，病人首先要做一個多參數核力共振（multiparametric Magnetic Resonance Imaging，multiparametric MRI）。切片檢查是在局部麻醉的情況下進行的，在診所或醫院門診進行，持續時間只有幾分鐘。一個超音波探頭

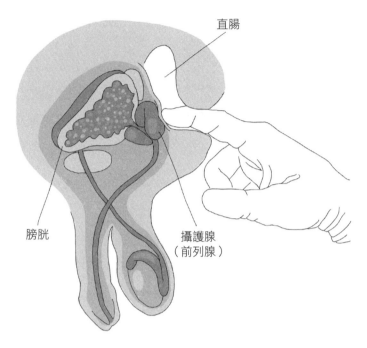

直腸

膀胱

攝護腺
（前列腺）

圖 n.29 攝護腺檢查（直腸指檢）

（ultrasound probe）被插入直腸，取幾個組織樣本 —— 至少12
個 —— 然後被送到實驗室進行分析。

　　治療方法取決於確定的病理情況。對於患有**攝護腺炎**的 75 歲
男子，首先需要確定誘因。如果是細菌性**攝護腺炎**，病人要開始
服用抗生素。如果是非細菌性**攝護腺炎**，則必須調查生活方式的
因素。

　　建議的方案是要求喝大量的水，定期進行體適能訓練，並遵

循側重於特定食物和飲料的飲食。有必要避免白酒和啤酒、胡椒和辣椒（含有辣椒素，用於循環系統，但是如果你患有「攝護腺炎」則有害）。

有些人聲稱，減少食用醃製肉類和咖啡也是一個好主意，或者採取嚴格的飲食，儘管缺乏科學證據。在我看來，需要以常識和比例為準。

正如我們所看到的，良好的飲食應該足以滿足我們生殖系統正常運作所需的礦物質、維生素和蛋白質的要求。

事實也是如此，我們愈來愈經常地看到廣告，促使我們考慮提供援助；對於攝護腺炎，我們可以使用一些營養和植物治療補充劑，例如含有乳香（Boswellia，消炎和鎮痛）、鋸棕櫚（Serenoa Repens，改善攝護腺的功能，刺激尿流）、鋅（zinc，有助於精子的品質和流動性，減少癌症的風險）、維生素 D（Vitamin D，有助於保持細胞健康）和硒（selenium，促進精子生成）。

關於這些補充劑的辯論仍未結束。主要的問題是，我們擁有的資料並不完整，沒有提供足夠的視角來得出結論。為了確定一種製劑是否對攝護腺有好處，今天我們仍在尋找一項名為攝護腺藥物治療（MTOPS）的研究（現在有點過時了），其價值在於樣本的廣泛性和測量的持續時間（超過四年半）。

MTOPS 強調，有關藥物至少在首次使用一年後才開始產生效果，因此，一種新藥在投入市場前至少應進行一到兩年的測試。這

可能需要大量的投資，往往超出補充劑公司的範圍。

因此，對保健品的實驗只做了 3 至 6 個月，時間太短了。這是否意味著保健品是好的？還是不好？或者說它們可能沒有效果？在最壞的假設中，它們什麼都不做，它們當然不會有害。就個人而言，我使用它們並推薦它們。

補充劑的廣泛使用強調了人們對這種病理學的更多認識，這是積極的。即使在科學界之外，對這一問題的更廣泛的意識可能是一個機會，可以更澈底地探索這一領域，並且推動製藥公司進行更長的實驗。

現在我們來談談**良性攝護腺肥大症的治療**（therapy for benign prostatic hypertrophy）。它特別包括使用：

— **腎上腺素性阻斷劑**（$\alpha 1$ － Blockers）（譯註：降血壓或泌尿用藥）。當症狀涉及排空膀胱困難時使用，因為它們能使膀胱頸部的肌肉組織放鬆，改善尿流。然而，其副作用包括逆行性射精（retrograde ejaculation）。

— **5-α 還原酶抑制劑**（5-ARIs）（譯註：主要作用於抑制睪固酮的分化，縮小攝護腺體積以改善尿液滯留）。用於 75 歲以上的病人。柔沛膜衣錠（Finasteride）（譯註：一種「第 II 型 5α 還原酶」的競爭性專一抑制劑）和多適達膜衣錠（Dutasteride）這兩種 5-ARIs 可抑制攝護腺瘤的生長，甚至可使其體積減少 20%。副作用包括性慾下降、勃起功能障礙和射精消失，但是

這些只出現在 10% 的病例中──即使由於所謂的「反安慰劑效應」（nocebo effect）（譯註：拉丁文原意是「我將傷害」，則是指一個沒有真正療效或副作用的安慰劑，卻產生負面症狀與負向效益的現象），如果你仔細閱讀說明書，你會感覺到至少有一種副作用，因為它們是非常微妙的影響，容易受到心理調節。

— **副交感神經阻斷劑**（Antimuscarinics）（譯註：又譯抗膽鹼劑，作用於平滑肌細胞膜的膀胱鬆弛劑，同時阻斷副交感神經和放鬆平滑肌的藥物）。用於攝護腺肥大症引起的膀胱過度活動和失禁的情況。如果病人不能完全排空膀胱，則不開此類藥物。它們可與腎上腺素性阻斷劑（$\alpha 1$ － Blockers）一起使用。

— **植物治療法**（phytotherapics）**和營養保健食品**（nutraceutics）。這些都是我們在治療攝護腺炎時介紹的相同補充劑，其優點是對性生活沒有影響。

— **第 5 型磷酸二脂酶抑制劑**（Phosphodiesterase-5 inhibitors，PDE-5）（譯註：是勃起功能障礙的輔助藥物。使用本類藥物主要是在勃起過程中扮演輔助性的角色，增強勃起反應，但並非發動勃起反應）。在治療攝護腺肥大症裡，最常見的一種是他達拉非（Tadalafil），除此之外，它能放鬆骨盆底，緩解對攝護腺（前列腺）的壓力。它已被證明可以改善排尿困難的症狀，即使它主要用於治療勃起功能障礙。正如他們所說的，這是一石二鳥之計。

　　如果這些治療方法不起作用或副作用大於其益處，可以透過幾種顯微手術技術來恢復正確的膀胱功能。這些是顯微手術（microsurgery），利用陰莖的開口，到達攝護腺處的尿道，並著手拓寬尿管（urinary duct）。

　　簡而言之，我們可以把手術比作拓寬一個部分狹窄的隧道。例如，**經尿道攝護腺切除手術**（Transurethral Resection of Prostate，TURP）是這些手術中的一種，持續時間約為1個小時。3或4天後，病人可以出院回家休養。

　　對於有明顯凝血問題的病人，還有微創手術（micro-invasive techniques），包括雷射手術（laser surgery）。

　　正如我的一個病人所提到的，具有高效能的快、易、通**綠光雷射攝護腺汽化手術**（GreenLight Photoselective Vaporization of the Prostate，簡稱 reenlight PVP 或 PVP），和 2011 年美國超級英雄電影《綠光戰警》的原漫畫名稱一樣——透過立即癒合來減少出血，並且允許在手術後的第 2 天出院。在這種情況下，尿道提供的通道也得到了利用。

　　經尿道攝護腺切除手術（TURP）和雷射手術保留了射精功能，但是它們使射精功能逆行。性高潮不再導致精子的釋放，精子進入膀胱。就快感而言，沒有任何變化，但是病人可能遭受明顯的心理和生育問題。因此，在為病人準備手術時，澄清這些方面是正確的，否則可能會導致術後階段的沮喪和不適。

　　在動手術前和醫生澈底討論所有的可能性，以便了解風險是什

麼，並且評估風險與動手術好處的關係。多一個問題總比少一個問題好。

近年來，出現了一些創新技術，適用於性能力仍然完全活躍的病人。最新流行的一項技術是最新微創手術**攝護腺水蒸氣療法**（Rezum）治療攝護腺肥大症，它似乎是綠光雷射攝護腺汽化手術的邪惡對手，但是實際上是一種利用水蒸氣來獲得減少**攝護腺葉**（prostatic lobes，又稱前列腺葉）的設備。為了更詳細地解釋，治療過程只需局部**麻醉**，將細小導尿軟管放入尿道到**攝護腺**的位置，軟管內針頭穿刺到**攝護腺**內，噴出高溫的蒸氣殺死攝護腺組織，使增生的腺體縮小，身體可以吸收壞死的細胞。

攝護腺水蒸氣療法將水蒸氣化，小心放置一根導尿軟管，保持 7 天。幾星期後，熱效應會使攝護腺體積持續縮小，然後使尿道變寬。整個手術只需要幾分鐘，幾小時後病人就可以出院回家了。

這項技術當然推薦給年輕的病人，但是同時它也允許 90 歲以上帶永久導管的病人進行手術，對這些病人不建議進行傳統手術。為了結束像超級英雄和未來主義科技的設備，最近甚至還開發了一個機器人——**Aquabeam**（是用高壓生理食鹽水在無熱下移除攝護腺組織）—— 能夠在 5 分鐘內切除攝護腺，這要歸功於以音速噴射的水流。在這種情況下，射精也被保留下來。

總而言之，如果你選擇經典的經尿道攝護腺切除手術（TURP），在 90% 的情況下會導致逆行射精，由於精液在射精時不再離開陰莖，而是最終進入膀胱。那麼，後果就是不育，而且康

復的機會很小。如果你使用綠光雷射攝護腺汽化手術（GreenLight）雷射，和傳統手術相比，保持射精的機會大大增加。透過攝護腺水蒸氣療法（Rezum）蒸發攝護腺，10 個病人中有 9 個能保留射精，使用 Aquabeam 後這一比例略有增加。

在肥大手術中，血管神經結構沒有被觸及，所以勃起功能得以保留。只有一小部分病人報告了這種類型的問題，然而，這與手術無關，而是與衰老過程有關。

攝護腺癌的治療是根據各種因素來評估的：其中最重要的當然是年齡，但是也包括腫瘤的侵襲程度。每個病例都是獨一無二的，每個人都有自己的病史、優先考慮的事項和期望。

如果腫瘤定位在攝護腺內，有三種可能的發展方向：

1. **觀察性等待**。只有對某些特定的病例，通常是那些切片檢查只有顯示 12 個或者是更多樣本其中之一個是腫瘤的病例，才有可能實施警惕性等待期，在此期間，定期檢查監測腫瘤的演變或穩定。

2. **手術**。切除整個攝護腺和該區域的淋巴結（radical prostatectomy）（譯註：根除性攝護腺切除手術）被認為是一種治癒性手術。它可以透過傳統的戶外手術、腹腔鏡手術（laparoscopy）或甚至機器手臂手術（robotic surgery）來進行，在手術範圍內，器械透過機器人移動。

3. **放射治療**。在低風險的腫瘤中，攝護腺切除術的結果與放射治

療的結果相當，其中存在各種類型的放射治療。

與其他地方的情況不同，當攝護腺腫瘤處於轉移狀態時，荷爾蒙治療比化療更受歡迎。事實上，這可以降低睪固酮的標準值 —— 這是一種刺激攝護腺腫瘤細胞生長的雄性荷爾蒙 —— 但也帶來了一些副作用，例如性慾下降或消失、陽痿、潮熱、體重增加、骨質疏鬆、肌肉品質下降和疲勞。

正如我們所觀察到的，三種選擇中沒有一種可以被宣布為最好的，但是對於一個 75 歲以上的人來說，放射治療是首選。治療和監測都有一個共同的形容詞「積極的」，以強調沒有任何事情是偶然的，重要的是不要在沒有醫療支援的情況下被動地屈服於疾病的演變。

由於機器人技術的進步，我們可以在精確度和有效性方面取得比幾年前更令人滿意的結果。但是，這種治療方法的未來更多的是與放射治療有關，而不是與手術有關。事實上，同樣的進展也使後者獲益匪淺，它更有針對性，控制得更好。

當腫瘤非常具有侵略性時，有必要根據病人的情況和特點結合各種治療法（手術、放療、荷爾蒙治療、化療等）來阻止腫瘤的發展。我們決不能忘記**性生活**，即使在腫瘤診斷的情況下，也決不能放棄性生活。即使在治療期間，性生活活躍也有助於保持一定的幸福感和較高的士氣。愈來愈多的專家開始意識到這一點。

我還想澄清另一個方面。更「經典」的攝護腺手術會犧牲射

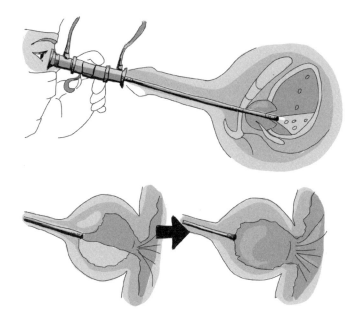

圖 n.30 攝護腺（前列腺）手術

精，導致不育。手術需要切除身體產生精子的元素，因此這種後果是不可避免的。嗯，這是一個需要非常謹慎評估的話題。放射治療對勃起機制有影響，並且經常導致與燒灼感有關的痔瘡發生。隨著攝護腺的消除，我們不可避免地腐蝕了血管機制，這不僅會導致射精方面的問題，也會導致勃起方面的問題，從而影響整個性生活。

　　現在可用在顯微手術的 3D 和數位影像技術使人們能夠看到曾經無法想像的景象，並有助於減少與手術有關的風險。考慮到同時存在的病症（糖尿病、高血壓等），目前保留勃起功能的比例在

50 ～ 70% 之間。

2013 年，理卡多·巴爾托萊蒂醫生（Dr. Riccardo Bartoletti）和我為一位年輕的病人進行了有史以來第一次腹腔鏡手術（laparoscopic surgery），切除了攝護腺，同時植入了陰莖假體。其基本思路與乳腺癌後的乳房重建是一樣的。8 年後，他和其他的病人在短短 3 至 4 個星期內就能恢復正常的性生活，而且他們的陰莖一直保持著手術前的尺寸，讓相關人員和他們的伴侶都很滿意。

這種類型的手術仍然不是很常見，因為即時費用高，而且一些同事不願意與假體感染的風險聯繫起來，然而，在與理卡多·巴爾托萊蒂醫生共同動手術中，我們完全相信了這一點。

（用吸引器）吸出

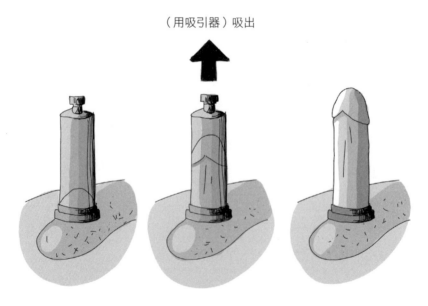

圖 n.31 陰莖吸引器

在考慮解決其他衍生問題以前，自然要考慮手術後的恢復時間，這是必要的。對於良性攝護腺肥大症來說，大約需要 30 天的時間；對於攝護腺癌來說，可能需要長達 18 個月的休息。根據我的臨床經驗，在 6 個月內就有可能建立起解決所誘發的潛在勃起功能障礙問題的最佳治療方法。

無論採用哪一種療法，我建議立即開始進行某種陰莖康復（penis rehabilitation），因為如果它長時間不活動，往往會出現各種形式的內部纖維化，從而破壞其功能。僅僅是不活動，以及隨之而來的纖維化，就可能導致陰莖縮短幾公分。

對陰莖最好的鍛鍊顯然是勃起。因此，康復工作包括：尋找誘發這一機制的機會。不管是性生活還是自慰都是次要的：在這些條件下，重要的是鍛鍊陰莖。

就像在混合健身 CrossFit（譯註：是一種近年流行的運動，不像傳統健身需要大型的器械，CrossFit 主要利用身體的重量，配合單槓、吊環、啞鈴等工具，進行舉重、體操或帶氧運動元素的動作，動作多元又具挑戰性），也有專門的設備來訓練你的勃起。一個容易使用的工具是**真空幫浦／吸力泵**（vacuum device）：透過利用吸力泵產生的真空，它使勃起發生機械性。該設備由一個大的矽膠圓筒組成，你將鬆弛的陰莖放在裡面。透過手動或電動泵，產生 100 ～ 150 公釐（mm）汞柱的負壓，使血液流向陰莖，這就像在你的皮膚上放上一個吸杯（section cup），你會馬上用肉眼看到該區域變得深紅，證明血液的流入。

勃起功能障礙

我們已經調查了成年男性的勃起功能障礙（erectile dysfunction，又稱「陽痿」）問題，但是我們自然也會在衰老過程的後期發現它。在生殖器部位的手術後，一種藥物治療可以提供勃起支援。重要的是要知道，事實上，術後勃起功能障礙的藥物是由國家衛生局（National Health Service）提供的。托斯卡納（Tuscany）是第一個頒布這項絕對必要提案的地區，後來該提案被擴展到整個義大利。

所有屬於第 5 型磷酸二脂酶抑制劑（PDE-5）家族的藥物 —— 因此，那些從威而鋼（Viagra）降生的藥物，包括犀利士（Cialis）、樂威壯（Levitra）和賽倍達（Spedra）—— 在老年時也是安全的（關於這個主題的更多內容，請參閱〈3. 成年人的陰莖〉）。這些基本上是酵素（Enzyme，又稱酶），以協助各種代謝反應的進行、維持人體正常生理機能，在有性刺激的情況下 —— 視覺、嗅覺或觸覺 —— 被啟動並影響陰莖的平滑肌肉組織，使其放鬆。這樣，透過增加海綿體組織現有空腔中的血流量，它們透過血管擴張促進勃起機制。

這個過程不受年齡的影響，也沒有什麼缺點。顯然，有循環系統問題的人應該和他們的醫生一起對他們進行澈底的評估。例如，患有心臟病的人可能會因為藥物的影響而面臨風險，而不是因為性活動 —— 尤其是在激烈的情況下 —— 本身就代表著身體的壓力。威而鋼，以及同系列的其他藥物，不會引起任何危險的副作用，而是鼓勵人們做愛，但是如果他們不能持續這種活動，那麼，是的，

病人可能會遇到嚴重的後果。

那麼，正確的道路必須從心臟檢查開始。如果檢查結果證實其健康狀況良好，並且沒有與潛在身體負荷有關的重大危險，就可以使用這些藥物了。

目前，使用第 5 型磷酸二脂酶抑制劑（PDE-5）只有兩個已知的禁忌疾病：與硝酸鹽類（nitrates）藥物同時使用，透過貼片或舌下含服、靜脈注射或直腸注射來治療各種心腦循環病症，以及存在視網膜色素病變（Retinitis Pigmentosa，RP），也是一種漸進性的視網膜營養不良，這是一種眼睛疾病，威而鋼會導致其退化。患有此病的病人顯然知道這方面的情況。儘管如此，我建議千萬不要依賴自我處方或將威而鋼當作壯陽藥或「有趣的藥丸」（fun pill）使用，而應該在及時就診後，向醫生尋求處方。

在關於成年人的陰莖章節中，我們注意到，為了對比勃起功能障礙，也有可能求助於陰莖的局部注射。這種解決方案的放棄率很高，因為它往往是痛苦的。作為最後的選擇，如果你正在尋找一個明確的和永久性的解決方案，我建議在任何年齡段進行植入手術。該手術包括在陰莖體（penile shaft）內放置一個由兩個圓柱體組成的液壓系統，以人工方式再現陰莖海綿體。

它很簡單，大約需要一個小時，既可以在門診進行，也可以在醫院過夜。唯一的風險是感染，此外，僅在 2% 的病例中發現。如果你使用一個簡單的假體 —— 一體式 —— 兩個海綿體的一致性是恆定的，因此有足夠的硬度來支持插入，但是同時也有足夠的靈活

性，可以在日常生活中進行管理。當使用兩件式或三件式或液壓式植入物時，控制裝置即一個小泵，被放置在陰囊內，而液體儲存器在腹部，形成一個閉路系統，當液體在兩個圓柱體內轉移時，允許陰莖勃起；反之，當液體被倒回儲液器時，則恢復到鬆弛狀態。

由於這些系統，在手術後四星期的時間，你可以恢復令人滿意的性活動。

植入假體不會引起疼痛，除了即時的手術跟進，這與其他手術一樣，都是可以用藥物控制的。唯一的併發症可能是由於假體發生故障，因此可能需要進行手術修復。

但這是非常罕見的。

不可接受的行為

這個故事的主角名叫奧雷斯特（Oreste）。他今年39歲，所以不能算是老人。然而，在這裡看他的故事很重要，它強調了不正確的行為和被忽視的病症是如何退化和改變某人的生活品質。在他的案例中，不僅僅是不小心，而是有意為之。當他來見我時，他非常緊張，他的手在顫抖，而且明顯地在出汗。在他能夠向我坦白以前，我早就感覺到他對我整個職業類別的極度恐懼。但是最令我震驚的是，他傾向於將自己的行為正常化。

「來到這裡讓所有人都感到害怕，不是嗎？另外這是我的第一次。」他甚至要求我給他時間，讓他習慣於把褲子和內褲拉下來，這是一種神祕的冥想。要談論問題是什麼，自然是不可能的。「你自己看吧，這樣會更快。」

向後抽動幾下之後，我就能幫他檢查了。他的包皮上有一些小疣，長得像公雞冠，處於晚期，可能是由於人類乳頭瘤病毒（Human Papillomavirus，HPV）感染造成的。

我給他開了一個精液分析檢查（semen test）以確定診斷，並安排了一個簡單的電混凝手術（electrocoagulation operation）來去除這些贅生（outgrowths）（譯註：又稱「新生物」，是指身體細胞組織不正常且過度增生，此過程稱為贅瘤形成，簡稱贅生）。

一個月後，奧雷斯特給我發來了分析結果，證實他感染了人

類乳頭瘤病毒。我預約了手術時間，告誡他一定要使用保險套，並且保持這一個習慣，至少到他的病毒檢測結果為陰性為止，這段時間可能從6個月到2年不等。

但是奧雷斯特沒有赴約，鑒於這種情況，我親自打電話給他，說如果他只是遲到幾分鐘，我可以先看下一個病人，然後再去看他。他用猶豫的語氣告訴我，他在工作，他忘了。於是我們又約定了一個約會，但是他又一次爽約沒有過來看診。

儘管我一再堅持情況的嚴重性，以及在不久的將來可能會出現退化，但是他在幾個月的時間裡一再重複他的爽約行為，不只1次，而是5次。現在一年過去了，我已經完全和他失去了聯繫。我希望他已經決定求助於另一位專家，一個能夠在他躲起來之前設法緩解他的心理和行動的人，最重要的是，他已經告知任何性伴侶有傳染的風險。

在這些情況下，不能強迫病人來就診讓我感到很難過。對自己和他人的不負責任會產生難以想像的後果，遠比任何人對醫生的恐懼更嚴重。

重要的是永遠不要推遲檢查或手術，而是要立即採取行動，特別是在診斷明確的情況下。

陰莖癌

讓我們用最後一節來討論陰莖癌（penile cancer），這是一種在西方國家相當罕見的病理現象，發生在個人衛生狀況不佳的男性身上。人類乳頭瘤病毒（HPV）感染是主要的風險因素。它通常以陰莖上的小病變出現，診斷完全是透過切片檢查進行的。

一旦得到確認，就有必要評估疾病已經擴散到什麼程度。如果它仍然處於初始階段，用雷射進行手術就可以了。而更為嚴重的病例（相當罕見）可能需要部分或完全的切除陰莖，然後進行放射治療和化療。

正確的衛生和透過手術切除與人類乳頭瘤病毒有關的任何尖圭濕疣（condylomas）（譯註：又稱「尖狀濕疣」或「尖銳濕疣」，俗稱「菜花」，由人類乳頭瘤病毒 HPV 引起，屬於 DNA 病毒。病毒顆粒直徑約為 50 ～ 55nm。主要感染上皮細胞，人是唯一宿主）是唯一可能的預防措施。在我多年的醫療經驗中，我遇到過大約 30 名的病人，但其中最引人注目的病例發生於我在急診室值班的某一天。我經常講這個故事，不僅僅是為了去除那個近乎超現實的時刻，也是為了再次強調日常陰莖護理和衛生的必要性。

緊急情況

男性生殖器最普遍的緊急情況之一是急性尿液滯留（acute urinary retention，AUR），或無法自主排尿。如果病人沒有發現包

皮過長，其原因可能是尿道狹窄或攝護腺功能失調。

在恥骨上膀胱造瘻（suprapubic cystostomy，又稱「膀胱造口術」或「膀胱導尿術」）可以暫時解決由攝護腺（前列腺）引起的狹窄問題，這個手術是在麻醉狀態，從肚臍下方、恥骨上方切開約一公分開口，將導尿管由下腹部皮膚直接插入膀胱建立一個通道，並且留置一個導管，使尿液直接從導管排出，需由自己持續檢查才能確定是否有攝護腺肥大造成的尿液滯留問題。

如果我們注意到我們在喝酒時沒有感覺到尿液的刺激，這應該是一個警鐘。在其他症狀中，我們可以勉強讓尿液擠出來，也就是我們所說的「一次一滴」，在最嚴重的情況下還有灼熱感，這是由於尿液返回腎臟造成的。

最後，如果我們注意到一位老人的紙尿布總是相當乾燥，我們應該考慮向泌尿科醫生或家庭醫生諮詢。平時對攝護腺的保養對減少尿液滯留的頻率有很大的幫助。

快點，已經耽誤太久了

這是一個星期五的晚上，我和我的家人剛剛抵達城外的一家旅館。當我在電梯裡的時候，我的手機螢幕亮了。

我的病人弗朗科（Franco）用很擔心的語氣告訴我，他從今天早上開始就一直在努力排尿。他已經71歲了，我認識他有十年了。上一次，我們進行了直腸指檢（rectal exploration），確認需要進行攝護腺手術，以治療攝護腺肥大症，他迅速將手術推遲到未來的某個日期。

「弗朗科，聽我說，這並不嚴重，但讓他們帶你到急診室。他們會給你一根導尿管，這是你唯一可以而且必須做的事情，以排空你的膀胱。然後我下星期再來看你，我們再決定如何進行。」

「不，醫生。我只想讓您給我做檢查。如果您有空檔，我們就等到星期一，否則我星期二就去見您。」

「星期一對你的膀胱來說太晚了。如果你想的話，我可以和一個值班的同事談談，讓你明天早上檢查。」

「不用麻煩了，我打電話只是想知道這是否正常，我並不痛苦，我只是擔心。」

儘管我不願變更，也很堅持，但我還是無法說服他。我掛斷了電話，答應他下星期一見他。

第二天我很早醒來，正如預料的那樣，我看到了弗朗科的

簡訊：

> 我在急診室，醫生。您是對的。但是不要告訴我太
> 太這個訊息：結婚四十年了，她仍然認為我不敢說出這
> 句話。

大部分尿液滯留的情況是因為攝護腺增生導致膀胱的正常功能受阻。但這並不是突然發生的，這是一個漸進的過程，我們的身體會給我們愈來愈多的訊號，大多與「口交」有關。病人往往試圖回避這個問題，希望它能自己解決，相信「再等幾個小時就好了」的治療能力。不要等待，不要延誤，不要否認證據。

重要的是要有一個參考的泌尿科醫生，他了解你的病史，並且能告訴你——你的生殖系統正在發生的變化。

另一方面，比較少見的是藥物性**陰莖異常勃起**（priapism）的情況。陰莖異常勃起一詞是指一種不正常陰莖勃起狀態，在這種狀態下陰莖雖然沒有受到與性慾相關的刺激，卻無法自然恢復鬆弛狀態。首先需要在恥骨（pubis）放置冰塊，並且避免不動。最好活動一下，例如上下樓，以促進血液流動。

如果問題在幾小時內沒有自行解決，就有必要到急診室進行緊急檢查。根據當時進行的病史檢查，我們能夠弄清楚這是哪一種類型的陰莖異常勃起。如果它起源於外傷 —— 摔倒，或者像通

常情況那樣，撞到自行車的橫梁 —— 問題可以透過血管栓塞手術（embolization）（譯註：藉由導管在血管內置入或施打栓塞物質，以達到阻斷局部血流）來解決，這只是堵塞了陰莖海綿體的幾條血管。如果原因是藥物性的或來自血液疾病，則需要立即進行手術來解決。陰莖異常勃起如果不立即解決，後果會很嚴重，會損害勃起機制。

佛尼爾氏壞死症（Fournier Gangrene）（譯註：是指生殖器、周遭會陰部組織、與肛門周邊的感染。是一種「壞死性筋膜炎」）是種極端的臨床警報情況，與不良的整體條件、嚴重的生殖器感染或糖尿病有關。這是一種極其罕見的情況：先讓你了解，大部分泌尿科醫生在他們的職業生涯中從未遇到過這種情況。這是生殖器的敗血症（sepsis），需要立即進行破壞性的手術。最嚴重的病例會導致切除大量的組織，以至於只留下兩個睪丸的外部包膜，希望陰囊能隨著時間的推移得到改造。如果不立即手術，死亡率特別高（大約 40%）。如果病人已經進入敗血症狀態，死亡的風險會上升到 80%。在專家檢查結束後，會根據個人情況提出適當的療法。

我們來到了本節的結尾。一方面，我們已經收集了積極和令人鼓舞的跡象：醫學現在已經大大減少了無望的情況，而且它的進展還在繼續。另一方面，白鬍子爺爺和孫子坐在他膝蓋上那種幸福家庭的形象，說實話，似乎已經過時了。

我們可能沒有意識到這一點，因為前進的步伐是隨著時間的

推移而發生的，但是在過去的二十年裡，我們取得了一個又一個成功。受益最大的，顯然是成年男性，不過老年男性也是如此。這並不意味著他們在日常生活中的角色發生了變化：人和以前一樣，但是他們現在可以做得更多，而不是必須無奈接受遺憾。歸根結底，我們正在見證整個社會的豐富過程。

結論：
一個新典範

　　我們和本書主要作者泌尿科醫生尼古拉‧蒙戴尼（Dr. Nicola Mondaini）的旅程到此已經結束。你們手中的這本書是一本目標遠大的著作。事實上，它要達到兩個目標。第一個目標是直接下定義它是一本陰莖照護指南；然而，第二個目標的範圍更廣，投射到大眾行為和生活習慣的領域，與社會各種文化息息相關，是最複雜的討論和修改。

　　首先是指這本書每一頁包含的大量醫療和健康資訊與建議，為了自己和孩子、伴侶或丈夫的健康，應該始終牢記這些資訊。為了便於理解並將其應用到日常生活中，即使你不是專家，我們也盡力不讓這些資訊呈現得過於瑣碎，希望透過言簡意賅的說明方式讓你容易明白，採用的權宜之計是依據男人的年齡分成不同的階段。對於每一個年齡段，我們都試圖強調希望你從閱讀這本書中得到至關重要的資訊。終其結果這是一本陰莖照護手冊，一種依循男人整個生命順序的「年鑑」，隨時可以放在身邊，方便查閱。

　　醫學科學已經準備了一個知識、反應和解決方案的軍械庫，涵蓋了所有可能的大故障或小毛病。然而，真正的挑戰是在一個很少

有人涉足的領域。在我們的社會裡，存在著一個名副其實的性別差距，而與其他地方的主要差距相反。事實上，這一次，受罰的是男性。當媒體、行銷和交流活動宣傳有關女性私密衛生和預防與治療女性泌尿生殖器的每一種產品、做法和服務時 —— 其詳細程度曾經是難以想像的 —— 沉默不語往往遮蓋了男性泌尿生殖器的問題。

沒有一個電視廣告來宣傳男性私密衛生和預防與治療泌尿生殖器的產品。什麼都沒有，只有積極的壓抑。

對男性身體的健康和寧靜的照顧，加上嚴格又令人放心的預防，這些個話題在廣告和公共教育與宣傳計畫中都完全沒有看見。這不禁讓人懷疑，男性和他們的性器官之間的關係在相當程度上仍未獲得解決。

在基礎醫學方面，似乎有兩個不確切的觀點，它們一起助長了不正確的行為。第一個學派認為，與女性不同的是，男性的生殖器明顯是比較簡單的，基本的，實際上是原始的。它就在那裡，它是可見到的，在我們眼前，它真的看起來一點也不複雜。它是身體的一部分，可以透過一些常規操作來管理。如果它的問題以一種完全明顯的方式出現，診斷是可以根據症狀來進行。

第二個學派認為，在於男性生殖器的圖騰意義。它是陽剛之氣的象徵和容器，在男性身分的形成、生殖、確定領導角色等方面具有相關功能。它不可能有任何弱點或失誤。它就在那裡，它產生作用，這就夠了。你可以有無窮無盡的其他問題，可以掉頭髮，可以增加 40 磅，但是生殖器絕對不能被質疑。

在我們這本書的結尾，我們可以肯定地說，在這兩種觀點下，我們都在處理相當明確地瑣碎和虛假的神話，這可能會產生危險的後果。

在現實中強烈出現的是，男性的性和泌尿系統擁有對男性身分至關重要的特殊性和特徵，而這些特徵不能被視為理所當然。除了形態學（morphology）（譯註：又稱生物形態學，包含了外觀生物體的外觀如形狀、結構、圖案、顏色等，以及生物體的骨骼、器官等內部零件的功能結構）問題 —— 或多或少的基本問題，但是這些並不重要 —— 基本的生物化學（biochemistry）（譯註：簡稱生化，是研究生命物質的化學組成、結構和生命過程中各種化學變化的科學）是人類的，因此，相當複雜。

此外，整個男性器官及其最明顯的組成部分 —— 陰莖，對多種仍然潛伏的病症起著哨兵和標誌的作用，因此可以作為及時和有針對性行動的前兆。因此，沒有任何醫學或科學上的理由可以證明這種忽視的態度是合理的，而且這也構成了現代衛生、預防措施的一個獨特案例。

所以，對我們所有人來說，包括婦女在內，介紹和建立不僅是一個新的醫療 —— 健康典範，而且是一個新的文化典範，是很管用的。

有必要重新思考資訊和教育課程，從很小的時候開始，以便重新設計男孩與他們身體這一部分的關係。照顧自己必須被作為一種價值觀來教育，對陰莖來說，就像對牙齒、喉嚨或胃一樣。如果在

睡覺前刷牙，在壞天氣颱風時戴上圍巾，或在外面餐廳用餐後穿上外套裹住身體是很自然的事，為什麼你不能從小就學會小便後洗手呢？

如果有全國性的運動來促進乳房自我檢查和乳房 X 光片檢查，那麼對男性泌尿生殖器疾病的早期診斷類似的措施，包括男孩、成年男人，當然還有老年男人，也應該得到同樣普遍的推廣。簡而言之，我們需要的是改變步伐。我們並不缺乏例子和良好的做法，也不缺乏有效的解決方案。

在過去的 30 至 40 年裡，婦女走上了一條覺悟之路，克服了各種障礙，採取了負責任的行為，今天這些行為已經完全成為習慣。與婦科醫生的定期預約不再引起不安或恐懼，恰恰相反。這些好處是顯而易見的，是實實在在的。

那麼，為什麼不從這裡開始，從這個可讓男人獲得的附加價值開始？

在預防文化中累積的和有根據的經驗浪潮中，我們可以成為自己開始的文化修正過程的主角和見證者。在這樣一個微妙的領域裡，在一個無疑缺乏有效資訊的背景下，情感的載體可能會變成一個成功。

傳統的管道（教育、資訊和大眾化）都必須為建構新的典範做出貢獻，否則也無效。然而，真正的轉捩點可能恰恰來自於兩性之間的協同方法，在兩性之間負責任地承擔風險的邏輯。這一前景要求我們每一個人 —— 教育者和培訓者、資訊世界和衛生工作者、

協會和機構 —— 為建立共同的情感做出貢獻，啟動個人和集體的人生旅程，依靠一個涉及家庭和人類關係最親密領域的共同利益平臺。只有這樣，真正預防文化（prevention cultur）（譯註：指教育人們在生活中建立一種急需的文化，制定更安全、更健康的新措施，採取尊重生命負責任的態度）的推廣才會成為一個原始動員過程的最終結果，這是源於兩性之間的團結邏輯。

追根究柢，這是很自然的。

的確，誰能為一種親密的、憐憫的、又安詳的方式照護自己和個人生殖器官的典範，成為第一個推動者？

當然，是我們女性。

派特理齊雅‧普雷齊奧索（Patrizia Prezioso，作者之一）

致謝

感謝薩拉・潘澤拉（Sara Panzera），她的智慧和她的守時對我們來說是達到這本書發行的目標所希望的最好支援。

我，尼古拉・蒙戴尼（Nicola Mondaini），感謝米開朗基羅・里佐（Michelangelo Rizzo）、瓦萊里奧・迪・切洛（Valerio Di Cello）、理卡多・巴爾托萊蒂（Riccardo Bartoletti）和羅科・達米亞諾（Rocco Damiano）等教授和醫生，他們是我在教學上重要的夥伴，同時也是馬格納格拉西亞大學醫學和外科學院的泌尿外科好同事。

感謝我的母親安娜（Anna），她嚴厲地鞭策我學習，感謝我的父親保羅（Paolo），他給我樹立了成為一名醫生的榜樣。我深深感謝我的妻子法蘭希施卡（Francesca）和我的兒子米歇爾（Michele）和法蘭西斯科（Francesco），感謝他們一直以來的支持。

還要感謝瑪格麗塔・皮亞蒂尼女士（Ms. Margherita Pierattini）、薩拉・坦古扎（Sara Tanguenza）的意見、費德里科（Federico）和朱利亞（Giulia）提供的建議，以及我的朋友佛朗哥・萊格尼（Franco Legni）和朱塞佩・達蒂（Giuseppe Dati）。我怎麼能忘記我與菲力浦・福西萊（Filippo Fucile）、塞巴斯蒂亞

諾・吉亞金托（Sebastiano Giaquinto）、保羅・盧西貝洛（Paolo Lucibello）、馬泰奧・貝庫奇（Matteo Becucci）和文森佐・奧蘭多（Vincenzo Orlando）的長期友誼。

我，派特理齊雅・普雷齊奧索（Patrizia Prezioso），要感謝我的母親，她教育我要有好奇心和求知慾，讓我自由地接觸各種書籍。她傾聽並歡迎我無休止的提問，給我找到答案的鑰匙。我感謝我的女兒們，她們訓練我回答她們提出無窮的問題。

我還要感謝皮耶羅・安吉拉（Piero Angela），因為如果沒有他在我生活中安排的廣播節目，我就不會有我們在這本書中試圖重現那種科學普及的樂趣。

最後，我和尼古拉醫生要感謝丹尼爾・達尼（Daniele Dani），因為他有洞察力，把我們介紹給對方，使這次冒險成為可能。

國家圖書館出版品預行編目（CIP）資料

尼古拉博士的陰莖保養大全：男性必看，關於兒童到老年
的陰莖照護聖經 / 尼古拉‧蒙戴尼(Nicola Mondaini)，派特
理齊雅‧普雷齊奧索(Patrizia Prezioso) 合著；戴月芳翻譯. --
初版. -- 臺中市：晨星出版有限公司，2023.09
　　面；　　公分 . --（健康 sex 系列；02）

譯自：Wikipene. manutenzione, prevenzione e cura

ISBN 978-626-320-612-0（平裝）

1.CST: 男性性器官 2.CST: 保健常識

394.816　　　　　　　　　　　　　　　　112012994

健康 sex 系列 02

尼古拉博士的陰莖保養大全：
男性必看，關於兒童到老年的陰莖照護聖經
Wikipene. manutenzione, prevenzione e cura

填回函，送 Ecoupon

作者	尼古拉‧蒙戴尼醫生（Nicola Mondaini）、派特理齊雅‧普雷齊奧索（Patrizia Prezioso）合著
繪圖	朱利亞‧萊諾（Giulia Laino）
譯者	戴月芳博士
主編	莊雅琦
編輯	張雅棋
美術排版	曾麗香
網路編輯	黃嘉儀

創辦人	陳銘民
發行所	晨星出版有限公司
	407 台中市西屯區工業 30 路 1 號 1 樓
	TEL：（04）23595820　FAX：（04）23550581
	E-mail:service@morningstar.com.tw
	https://www.morningstar.com.tw
	行政院新聞局局版台業字第 2500 號
法律顧問	陳思成律師
初版	西元 2023 年 09 月 25 日

讀者服務專線	TEL：（02）23672044 /（04）23595819#212
讀者傳真專線	FAX：（02）23635741 /（04）23595493
讀者專用信箱	service@morningstar.com.tw
網路書店	https://www.morningstar.com.tw
郵政劃撥	15060393（知己圖書股份有限公司）
印刷	上好印刷股份有限公司

定價 450 元

ISBN 978-626-320-612-0
Wikipene. Manutenzione, prevenzione e cura
by Dr. Nicola Mondaini and Patrizia Prezioso, illustration by Giulia Laino
Copyright©2021 Giunti Editore S.p.A. Firenze-Milano
www.giunti.it

版權所有‧翻印必究
（如書籍有缺頁或破損，請寄回更換）